叶家花园

——藏身肺科医院里的海派园林遗珍

主　　　　编　　徐海波　周　晓

执行副主编　　周培元

副　主　编　　乔争月　沈红梅

上海大学出版社

·上海·

图书在版编目（CIP）数据

叶家花园：藏身肺科医院里的海派园林遗珍 / 徐海波，周晓主编. -- 上海：上海大学出版社，2023.9

ISBN 978-7-5671-4790-4

Ⅰ. ①叶… Ⅱ. ①徐… ②周… Ⅲ. ①古典园林—修缮加固—上海 Ⅳ. ① TU746.3

中国国家版本馆 CIP 数据核字 (2023) 第 161138 号

责任编辑　傅玉芳
技术编辑　金　鑫　钱宇坤
装帧设计　柯国富

封面题字　徐　兵

叶家花园——藏身肺科医院里的海派园林遗珍

徐海波　周　晓　主编

上海大学出版社出版发行
（上海市上大路99号　邮政编码 200444）
（https://www.shupress.cn　发行热线 021-66135112）
出版人　戴骏豪

上海东亚彩印有限公司印刷　各地新华书店经销
开本 889mm×1194mm　1/16　印张11.5　字数230千字
2023年9月第1版　2023年9月第1次印刷

ISBN 978-7-5671-4790-4/TU·24　定价：158.00元

本书编委会

序　言

　　《叶家花园——藏身肺科医院里的海派园林遗珍》这部书稿摆在我的案头，它即将问世。而叶家花园，一座颇具海派特色的私家园林，则先问世于 20 世纪的 20 年代。两者相隔近百年而得以相逢于世，我觉得，真可谓有缘。

　　叶家花园后来应著名医学家颜福庆之请，由原主人叶子衡慷慨捐出，于 1933 年开办上海首家诊治肺结核病的专科医院，服务于社会。时至今日，历经了近百年风云变幻的叶家花园，早已物是人非，"叶家花园"的名头，几近被人淡忘而无闻了。

　　所庆幸的是，这个花园的规模依然，胜景犹存。而入主叶家花园的肺科医院，则不断发展，已然成为沪上集肺科疾病诊疗、医学教学与科研于一体的现代化专科医院。近年来，院方又斥资精心修葺叶家花园，以志不忘叶家当年之善举。同时，这座花园，能够让人看到以至触摸到当下之上海市肺科医院的历史底蕴。

　　所需一提的是，几位来自不同界别、热心于记录上海城市发展轨迹的人士，因应了叶家花园修葺之机缘。他们会聚在一起，不惮其烦，几经寒暑，为叶家花园"建档修志"。他们追溯叶家花园和肺科医院的前尘往事，钩沉辑佚，梳理出清晰的谱系、历史文脉，盘点出完整的家底；他们细细品读叶家花园的海派园林风韵，打量其艺术审美价值，探讨其修葺保护的现实意义……在此基础之上，再付诸图文，并屡加推敲，最终荟集成这部书稿。

可以这么说，《叶家花园——藏身肺科医院里的海派园林遗珍》这本书，不仅为叶家花园建立了一份图文并茂的档案，也为人们观照海派城市文化，特别是海派园林，推开了一扇看得见风景的窗户，还为人们了解上海开埠以来的社会发展，提供了一个具体而微的史料和案例。

因此，《叶家花园——藏身肺科医院里的海派园林遗珍》一书的编撰和问世，是有必要的，是值得期待的。

是为序。

上海市肺科医院

2023 年 8 月 21 日

前　言

　　三十多年前，同济大学教授、著名园林专家陈从周先生曾提到近百年来的上海两个著名的私家大花园，一个是哈同花园（其原址如今成为上海展览中心），还有一个隐而未露面的，即江湾的叶家花园。陈从周建议叶家花园应该对外开放，让游人进去观赏，增添沪上一景，做到物尽其用。如今，深藏在上海市肺科医院的叶家花园作为海派园林遗珍，已经成为医生、患者、市民喜欢的、优美而独具特色的公共园林空间。

　　叶家花园诞生于 20 世纪 20 年代，那个时代，中西文化融合，传统与现代交融，形成特有的海派文化。叶家花园以江南园林布局为主，中西合璧的建筑为点缀，小桥流水、山石洞壑，亭台楼阁、叠山理水，曲径通幽、峰回路转，古木参天、怪石嶙峋……占地仅 77 亩的花园里，几乎珍藏着海派园林的全部风雅。中西风格在这里"相映"成趣，建筑风格也彰显着这个时代兼容并蓄的特点。将西式的造园工艺巧妙地与中国江南传统造园工艺结合，是叶家花园的最大特色。

　　叶家花园的创建者是宁波富商叶澄衷的四子叶子衡，主要是为在江湾跑马场参加赛马的贵宾提供赏景休憩的公共园林。花园于 1923 年春初步建成对外开放，一百年前的叶家花园内的娱乐设施已一应俱全，内设弹子房、瑶宫舞场、电影场、高尔夫球场等游乐场所，并且夜间也照常开放，一时间成为沪上有名的夜花园。

20世纪30年代，结核病还很难医治，上海也缺少一所专门的治疗结核病医院。1933年，在叶家花园建园十年之际，叶子衡秉承父志，做出了一个堪称善举的抉择——将叶家花园捐赠给国立上海医学院建立第二实习医院，专门收治肺科病人，取名澄衷疗养院，这就是上海市肺科医院的前身。首任院长为国立上海医学院院长颜福庆教授。

一百年历史变迁，叶家花园经历了从繁华的营业性花园到上海的第一家肺病疗养院的转变。尽管历经了多个阶段，花园为肺病患者提供疗养场所的定位却从未改变。现在它作为上海市肺科医院的专属腹地，依然在发挥自己的作用。已有一个世纪历史的叶家花园内绿树成荫，为病人的治疗和休养提供了优美、舒适的环境。作为"上海市花园单位"，上海市肺科医院已发展成为一所集医疗、教学与科研功能于一体的现代化三级甲等专科教学医院。

在百年古树下的牡丹亭里休憩纳凉、听鸟鸣声，或远观用太湖石砌成的假山，或站在具有法国文艺复兴风格的小白楼柱廊间，身处中式园林与西式建筑的完美合璧中，如不是看到有身穿病号服的患者在亲人陪同下散步，或拿着CT片子的患者在就诊前寻一处可以舒缓情绪的休憩之处，很难想象这里竟是一家医院的"后花园"。

随着上海江湾历史文化风貌区的规划和建设，叶家花园与江湾体育场、旧上海市政府大楼、旧上海市图书馆等一批历史建筑均启动了修缮工程。其中叶家花园保护修缮工程于2021年入选第二届上海市建筑遗产保护利用示范项目。

上海维方建筑装饰工程有限公司（以下简称维方建筑）作为施工单位，在2020年开始负责叶家花园的修缮。该工程为建园以来规模最大的保护修缮工程，本次修缮的建（构）筑物种类较多，重点保护内容、修缮种类、建筑材料繁多，包括六个凉亭和廊架、门楼、瞭望台及9号楼等建筑，还对花园内结构损坏较大的五座桥梁进行了结构强化，修补了损坏的桥面栏杆与灯柱，对园林绿化也作了梳理和修剪，还增加了泛光照明，恢复了其"夜花园"的美誉。

由于叶家花园经历过几次简单的修缮，很多本来面貌被掩盖，在本次修缮过程中，通过仔细核对老照片、邀请文保专家作现场考证判断，尽可能地恢复其最早的风采。维方建筑严格按照文物保护法律法规等相关规定，不改变文物原状，确保建筑及构筑物的原真性、可识别性，严格按照原形式、原工艺、原材料进行保护修缮。维方建筑根据实际问题进行了全面的分析，制定了有效的解决措施，从而更好地维护了文物建筑的自身价值，使建筑本身焕发新生。维方建筑以传承海派文化为己任，体现出工匠精神和精益求精的作风，使叶家花园成为具有历史、艺术、科学价值的文物建筑与园林。

本次匠心独具的修缮，提高了花园内建（构）筑物的安全性能，恢复了园林的历史风貌，更提升了医院的整体环境，为医疗卫生建筑与历史文化遗产、海派园林的有机融合作出了很好的示范。

作为一座具有近百年历史的海派园林，叶家花园还见证了重要的历史时刻。淞沪抗战期间，时任警备司令的张治中亲临叶家花园并登上山丘之巅的抗战亭指挥作战。本次修缮将这段历史印刻于瓷板并嵌于亭旁，使之成为抗日将士的丰碑，永远矗立在叶家花园的东北角，让后人牢记这段历史。

追溯叶家花园和肺科医院的前尘往事，打量它们的现实价值，品读叶家花园的海派园林风韵，并付诸图文，既为上海建筑可阅读提供了鲜活、真实的样板和典范，亦为人们传承新时代海派文化推开了一扇看得见风景的窗户。

本书不仅讲述了叶家花园的前世今生，还带读者深度阅读海派园林遗珍，为大家叙述修缮园林的工匠精神与修旧如旧的理念。此外，书内还穿插了建筑专家周培元教授精心手绘的叶家花园十三景并配有优美的现代诗句，让读者有一种穿越百年历史、身临其境的感觉。

挖掘叶家花园的历史内涵和人文价值，不仅可以达到缅怀前人、教育今人、激励后人的目的，也是"精医重道、务实创新"的肺科精神的体现。本书的编撰出版，无疑是一个很有意义的尝试。

目　录

碧血丹心——抗战亭

远听竹韵松涛

成仁义浩气长存同抗日

迈步登高遐想

念将军碧血丹心共保家

断崖飞瀑胸怀壮

峭壁如铁志如钢

古木冲霄遮日月

举目动魄诗意昂

第一章

叶家花园的前世今生

曼秋之韵——吟月亭

盘曲虬劲的枝木
蓊郁鲜活
满目嶙峋的奇石
如咸集
灵兽珍禽
潺潺不歇的流泉
似飘落
匹练彩带

吟月之亭
细刻着小巧玲珑

别致中
散发出妙趣横生的静
天外疏星几点
当空圆月一轮
湖面秋波一片
朦胧中
飘荡着无限的情思和欢悦
似有仙女下凡
对月吟唱

以及其他相关资讯，我们得以了解叶澄衷的一生。（图 1-1-1）

（一）诚信起家——从舢板少年到商界巨子

叶家花园，于 1923 年建成开放，占地 77.64 亩（5.2 公顷），现位于政民路 507 号上海市肺科医院内。这是一座设计精美的海派园林，中西建筑点缀其间，花木葱茏，宁静幽美。静谧的外表下，叶家花园蕴藏的历史丰富多彩，波澜起伏。这个中西合璧的花园仿佛一面巨大的镜子，映射出近代上海许多非同寻常的人生与事迹。它的故事，还要从 19 世纪到上海闯荡的一个年轻人叶澄衷说起。

一、商界巨擘——叶澄衷的人生传奇故事

在上海近代史上，叶澄衷是一个传奇人物。

早在 1936 年，著名出版人黄警顽所著的《杨斯盛、叶澄衷先生合传》面世，根据该书

图 1-1-1　叶澄衷

叶澄衷，原名成忠。1840 年出生于宁波镇海一个贫困的农民家庭，6 岁丧父，留下他和兄弟三人，与母亲在饥寒交迫中苦度光阴。到 9 岁，他才入塾读书，但不到半年，因家贫而辍学。这给他幼小的心灵以强烈的刺激，他切身感受到贫苦子弟失学的痛苦和求知的艰难。这种感受，正是他日后热心出资兴办教育、成为"中国近代兴学伟人"的一大原因。11 岁时，他入油坊做佣工，过了三年，终因待遇太苛辞工。离开油坊后，生活无着，同乡倪先生便邀他同往上海谋生。当时从镇海到上海，需旅费两千文，是他母亲用自己耕种的秋粮抵押得来的。这种艰苦的境遇，又正是他日后努力奋斗成就事业改变命运的动力。

到上海后，倪先生介绍他到法租界某杂货店去当学徒。当时上海已为国际商埠，黄浦江上中外商船群集。每日清晨，叶澄衷驾一只载着杂货的小舢板，往来外商船舶间叫卖，回店后，还要洒扫做饭，终日没有片刻的休息，他在这样的生活状态下过了三年，又因店主的昏愦，辞伙而去。这时的他，已 17 岁，三年的学徒生活使他略得谋生的门径，更确立他独立谋生的决心。所以，离开杂货店，是他独立谋生之起点，也是他事业之起点。

当时，抵达上海的外国远洋轮为避免搁浅，停泊在黄浦江的深水区，外国船员们需要借助轻便的舢板往返轮船与岸边。脱离了杂货店的叶澄衷，每日划着小舢板接送船员，并向他们兜售酒菜食品，再将从外轮上换来的五金器材拿到市内摆摊出售。

关于叶澄衷的发迹，有一个广为流传的故事：一位搭乘叶澄衷舢板的外国商人离开时，不慎留下一只装满巨款的包，叶澄衷苦等良久，将包归还失主。他的诚实，打动了这位外商，后者帮助他学会英语，使他更能无障碍地与外商沟通，并于 1862 年在里虹口即虹口汉璧礼路（今汉阳路）开了一家五金杂货店——顺记洋货号，赚到了人生的第一桶金。

当然，这只是一个传说而已。其实叶澄衷是凭着自己的刻苦耐劳，发愤努力，善于捕捉机会，日渐练就了精明经商的本领，打造起自己的事业。1862 年的冬季，他把顺记洋货号搬到外虹口即百老汇路（今大名路）。他从洋行买进船用五金和罐头食品供应外国轮船。虽然经营规模小，盈利薄，然而他能以至诚待人，在市场上建立了良好的信用。这样，他的生意日益发达，经营规模日益扩大，此后，他又陆续开了南顺记、新顺记、义昌成等多家五金商行，被称为"五金大王"。他还与人合伙接盘了从事钢铁经营的德商可炽煤铁号，成立上海第一家华商钢铁商店。

从五金到钢铁，叶澄衷生意越做越大，涉足火柴、蜡烛、棉纱等多个行业，分店也遍布江苏、浙江、福建、广东等地，与包括怡和洋行、太古洋行在内的知名外商洋行建立业务往来。

1883 年，年仅 43 岁的叶澄衷独家代理了美国美孚石油公司的中国业务。在后来的十年间，他与宁波同乡联手，在宁波、温州、镇江、九江、汉口、天津等地建立了顺记分店，将自己的经营版图从上海拓展到长江中下游和华北等地，并获得充裕的资金，累积了大量财富。

叶澄衷还把眼光投向了工业等实业领域。因为他认识到，商业上的竞争还是第二着，最重要的是振兴国内的工业。只有振兴工业，才能抵御外商在华大肆倾销产品；也只有工业振兴，才能在商业上与对手竞争。他立志堵塞漏卮，要挽回利权，要打破外商对市场的垄断，要扭转经济利益全部流入外人之手的局面。于是从 1890 年开始，他先后兴办了上海燮昌火柴厂、伦华缫丝厂、汉口燮昌火柴厂等，这些厂是我国最初的火柴工业和缫丝工业，而且颇具规模。还开办了钱庄、银行、房地产和航运等企业。到了 1897 年，叶澄衷已成为巨富，当年一年的利润就高达 30 万两白银。到 1899 年叶澄衷去世前，他已是一位商业、实业和金融业界的领袖，他的遗产达 800 万两白银。

就这样，从一文不名到富甲一方，从来自宁波的穷小子成长为上海滩的风云人物——叶澄衷谱写了他个人的传奇。

（二）大行善举——从捐资助教到兴修学堂

叶澄衷致富后，大行善举。诚如黄警顽在《杨斯盛、叶澄衷先生合传》中所指出的，叶澄衷事业上最值得关注的是"积财而能散财"。"他能不为钱所用，不为钱所累，能使社会的钱仍用之于社会。晚年他建怀德堂以安孤寡，建忠孝堂以安族党，又设义塾及牛痘局以安赤贫，其他如兴书院，通水利，治道路，修桥梁，建崇义会与广义会、救济奉晋豫燕鲁苏浙诸省的荒灾，他无不慷慨捐输，就中我们应该特别提出的，即是本校（澄衷蒙学堂）的创设。"

1899 年，叶澄衷在去世前独自出资白银 10 万两，在上海虹口捐置 30 亩土地，开办了澄衷蒙学堂（图 1-1-2），惠及无数学子，延续至今日。关于叶澄衷出资兴办的澄衷蒙学堂等学校对社会的贡献，据上海社会科学院副院长谢京辉发表在《新民晚报》上的《花钱当学叶澄衷》一文介绍说，叶澄衷"在上海虹口建立了'澄衷'学堂，李四光、胡适、

图 1-1-2　澄衷蒙学堂旧影

钱君匋、竺可桢等都出自于该校；在家乡又建立了中兴学堂，培养出了邵逸夫、包玉刚等巨商"。谢京辉认为，"叶澄衷的成功不在于有钱而在于花钱，把钱花出价值，才能有尊严，才能被后辈所称道"。叶澄衷虽然离世上百年了，但他会花钱的故事，至今仍被人们传诵。

1899 年，叶澄衷的传奇人生落下帷幕。当年 12 月 27 日，英文《北华捷报》（*The North China Herald*）报道了富商叶澄衷隆重的葬礼：

"星期天下午，上海见证了有史以来最大规模、最昂贵的葬礼游行。这是已故的千万富翁叶澄衷的葬礼队伍，他于 11 月 5 日在虹口百老汇路 1009 号住所逝世，享年虚岁 60 岁。"

值得注意的是，这篇英文报道还特别描述了护送灵柩的游行队伍。在游行队伍当中，一些人穿着如同官吏，护送着两块匾额，上面有皇帝亲题的"乐善好施""勇于为善"，以表彰叶澄衷的慈善精神。在游行队伍后面，是一块巨大的白色幕布，四角由家仆举起，用以遮挡旁观者的视线。里面走着的是这场葬礼的主送葬人，是"五金大王"六位成年的儿子和还是个婴儿的第七子。而六位成年儿子中的第四位，就是后来叶家花园的主人——叶贻铨，字子衡，后以字行，人皆以叶子衡称之。

二、积善传家——叶子衡与他的叶家花园

叶子衡是叶澄衷之四子。他少年在上海读书，喜爱文学，其父为其聘请英国教师，从小深受西洋文化影响。1899年叶澄衷亡故，叶子衡与二哥共同支撑叶氏企业，他主持上海的叶氏企业，二哥则负责在上海以外的叶氏企业。（图1-2-1）

图 1-2-1　叶子衡

（一）日新月著——从江湾跑马场到叶家花园

19世纪中叶，随着通商口岸相继开辟，英式赛马运动也传入中国。1848年，上海举办了首次赛马活动，但到了19世纪末，由外侨控制的赛马组织机构——上海跑马总会开始全面禁止华人入场。（图1-2-2）

20世纪初，以叶子衡为代表的一批华人精英也对赛马运动产生了浓厚的兴趣，他们养马、骑马、赛马，也希望和洋人马主一样加入上海跑马总会。不过，虽然叶子衡是实力雄厚的叶家公子，在上海跑马总会还有董事级别的西人朋友，但他两次申请入会都被拒之门外，感到非常气愤。

1908年，年仅27岁的叶子衡决心筹建中国人自己的赛马场和赛马会。他联合共同经营家族公产的三哥叶贻铭和弟弟叶贻锜，同时发行股票向华商集资，在宝山县江湾购地建跑马场（又称跑马厅），朱葆三和虞洽卿等宁波帮重量级人物也欣然支持参与。1909年，这家名为"万国体育会"的英式赛马会在江湾跑马场开张。

万国体育会除了举办赛马，还在跑马场中央建有马球和高尔夫球等运动设施，兼收华洋会员，所以英文名为International Recreation Club。体育会不仅采用英式规章制度管理，还向英国纽马克特（Newmarket）的权威赛马组织——英国赛马会（The Jockey

图 1-2-2　1934年跑马总会地区俯瞰图
（源自上海年华）

Club）登记注册。

根据陈洋阳的文章《老上海体育建筑遗存：江湾跑马厅民国时期面貌考》，叶子衡于1908年在上海北部江湾镇以每亩60银元的价格向农民购地，建造万国体育会跑马场，面积有80万平方米。后来，外资的上海体育基金（Shanghai Recreation Fund）也是主要股东之一。

当时，万国体育会在跑马场东、南、西三个方向的荒地上铺筑三条马路，分别叫体育会路（今纪念路）、西体育会路和东体育会路。江湾跑马场建造工程包括跑马场和看台。跑马场内设18洞高尔夫球场、网球场、棒球场等娱乐设施，还仿照上海跑马会在看台南侧设置了一座大型自鸣钟。（图1-2-3、图1-2-4）

跑马场有三条周长为2200米的跑马道，外围铺设草坪。有两座带石级的看台，看台顶部有休息室，马厩是红砖房子。马厩所养的马匹既有叶子衡购买的，也有驯马师寄养的。

江湾跑马场的赛马每周举行，星期一到星期三为大赛期，星期四、星期五休息，星期六复赛。跑马场入场券门票为1元，参与赌马者需另行购买香槟票。陈洋阳从门票、香槟票的价格以及赛马年收入的比对中推算，当时每年参与江湾跑马场活动的人数达到百万人次以上，不难想象当年赛马活动的壮观场面。

江湾跑马场建成营业后，叶子衡从所获利润中筹款，在跑马场旁边建了一个美丽的海派园林，为参加赛马的游客提供赏景休憩的公共场所，就是叶家花园。

1924年2月15日，叶家花园正式开园，又适逢万国体育会春节赛马会颁发奖杯仪式。第二天即2月16日，英文《北华捷报》报道开园盛典，报道称："花园要到3月底才是最美的时候，不过虽然昨天天气沉闷，花园还是景致美丽，展示了中国园艺师们出色工作的优势。"

美妙的花园午餐后，上海跑马会主席布罗迪·克拉克（Brodie A.Clarke）致辞，对叶子衡先生创办万国体育会表示敬意。他说可能没有其他中外运动人士像叶子衡一样，能够把体育会办得这么成功。体育会创办初期遭遇了许多困难，但是叶先生一直都是最乐观的，对于每个困难和麻烦他都微笑以对，总是做正确的事，最后让一切有了令人高兴的结果。

图 1-2-3　1862 年建成的上海跑马厅大楼
（源自同济大学出版社官方澎湃号）

图 1-2-4　外侨郊游，江湾跑马厅的钟楼
（陈瓒提供）

根据上海市肺科医院院志记载，叶家花园当年坐落在江湾叶氏路 351 号，位于今天的杨浦区西北部。整座花园呈东西向的椭圆型，园内奇石罗列，园内有湖，湖中有三个大岛环绕交错，波光岛影，相映成趣，岛与岛、岛与环路，均以亭桥相连，构成全园胜景。花园内设弹子房、舞场、电影场、高尔夫球场等娱乐场所，在夏天晚上也对外开放，时人称其为"夜花园"。

当时的叶家花园，除了接待万国体育会的会员，也成为很多高层次社会活动的举办地。

1927 年，上海《申报》刊登消息预告，第八届远东运动大会有十国团体将在叶家花园开欢迎会。《良友》画报也刊登图片新闻，称："来赴第八届远东运动会之菲律宾选手在叶家花园茶话会中之跳舞。"（图 1-2-5）

1928 年，《中国摄影家学会画报》刊登了三张叶家花园活动的照片。配文写道："雅歌社社员于六月十日全体至江湾叶家花园郊宴。男女各半。上图为黄倩仪女士盛冰淇淋之情形以飨来宾。右图为女子队竞走游戏之留影。左图则全体社员与来宾合影。"（图 1-2-6）

1931 年 4 月 26 日，英文《大陆报》报道

了上海市市长在叶家花园举办的茶会。虽然天公不作美下起了雨，但茶会还是吸引了不少中外名流参加。虽然湿漉漉的地面弄脏了来宾的鞋子，雨水打湿了崭新的帽子，但文中描述的叶家花园景色却相当动人，有许多拱桥，牡丹和杜鹃绽放，溪流被常青树围成拱形。

一个多月后的 5 月 28 日，《大陆报》又报道了美国大学妇女协会在叶家花园举行招待会："今天下午四点，中国的女主人们将在这个位于江湾的可爱的中国花园招待美国大学妇女协会的成员们。这将是秋季前协会最后一次活动。协会退休主席、鲁道夫·刘伦士夫人（Mrs. Rudolf Laurenz）将宣读报告，下午其余的时间用于社交聊天、在叶家花园享受迷人的漫步。"

刘伦士夫人的先生是德商礼和洋行的经理，她本人还曾担任上海德国妇女协会主席，是一位热衷社会活动的外侨夫人。

报道中还提到，叶家花园招待会将供应本地蛋糕配茶饮，由沪江大学的乐队演奏民乐助兴。

江湾跑马场后来经营不善，淞沪抗战时在炮火中损毁。而叶家花园，也面临各种困扰，需要主人对其前途做出抉择。

图 1-2-5　1927 年《良友》画报第十九期的报道

图 1-2-6　1928 年《中国摄影家学会画报》的报道

（二）慨捐园产——从夜花园到肺病疗养院

叶子衡秉承父志，做出了一个堪称善举的抉择——接受著名医学教育家颜福庆的建议，将花园捐赠改造为一家肺病疗养院。1933年6月8日，英文《大陆报》刊登题为《慈善家捐赠医院以治疗遭受病痛和苦难的市民》的新闻称：这是一项关乎上海市民福祉的重要而值得赞扬的慈善事业。叶先生将在花园里建一家最新式的医院，该医院将特别治疗患有肺结核和精神疾病的病人，以及康复患者。

叶家花园靠近江湾赛马场，被公认为是上海最美丽的中式花园。花园面积广阔，价值约有100万美元。

为了纪念父亲，饮水思源，叶子衡将花园里建造的新医院命名为"澄衷医院"。（图1-2-7）

据上海市肺科医院院志记载，20世纪30年代我国结核病猖獗，十里洋场的上海还没有一所结核病医院。国立上海医学院院长、医学专家颜福庆博十多方奔走呼吁，向社会各界名流募集资金。1933年2月，与叶子衡交谊甚厚的颜福庆向叶子衡谈及医学院拟筹建一所专门医治肺结核病人的医院，但因受经济困扰，力不从心。素来热心教育与公益事业的叶子衡当即慨然允诺，将建造10余年的私人花园叶家花园全部园产捐赠给国立上海医学院，用于建立这个新医院。1933年5月24日，叶子衡委派其甥陆以铭具体办理了园产移交接收事宜。1933年6月15日，澄衷医院正式开业收治病人。医院又名"澄衷医院国立上海医学院肺病疗养院（亦简称澄衷肺病疗养院）"。

"澄衷医院"的横匾，系上海著名书画家、实业家、杰出慈善家王一亭手笔，于医院开业

图1-2-7　澄衷医院门口（上海市肺科医院提供）

当日下午4时悬挂。澄衷医院作为国立上海医学院第二实习医院，开设男女肺科，建院初仅设病床40张（其中一等病房床位7张，二等病房床位21张，三等病房床位12张）。当时由红十字会医院转入第一批病员10人，院内有专任医师3人、兼任医师4人、护士6人。上海医学院颜福庆院长兼任首任院长（图1-2-8）、钱慕韩教授任副院长。

非治疗肺部疾病的理想场所。对于肺结核患者来说，他们有特殊的需求，例如新鲜的空气、良好的环境和充足的阳光，而普通医院不容易具备这些条件。位于乡村地区的叶家花园却是结核病疗养院的理想地。目前已经对疗养院的第一单元病房进行翻新并配备有40张病床，其中至少20张病床将免费提供给贫困患者。花园中众多的凉亭和建筑物现已变成病房，每个建筑自成一个单元，配有卧室、浴室、卫生间，都享有优美的风景。现在正在推进翻新工程，计划在6月15日开始接治所有类型的结核病患者，包括肺结核、颗粒状结核和骨结核。（图1-2-10至图1-2-14）

图1-2-8　颜福庆

1933年第9期的《卫生杂志》也为澄衷医院的开业刊登了题为《江湾叶家花园捐充之——澄衷医院开幕》的专文。其文称：江湾叶家花园，风景清幽，空气新鲜，宜于养病，经该园园主叶子衡先生捐充疗养院后，内部组织计分肺病、精神病及普通病三部……先设肺病疗养部，各项器械设备大致完全……定于今日（十五日）开幕，收纳病人四十名。（图1-2-9）

而英文《大陆报》介绍新医院时，也特别强调：迄今为止，还没有一家专门用于治疗肺结核病人的疗养院。一般而言，普通医院并

图1-2-9　1933年《卫生杂志》第九期刊登澄衷医院开幕的消息

据上海市肺科医院院志记载，建院初因缺乏经费与设备，需赢得广泛的社会支持，以便筹募资金购置设备开设病房。作为上海市肺科医院的创始人和首任院长，颜福庆于1933年10月发起成立"上海医事事业董事会"，之后又成立澄衷医院委员会，叶子衡都是委员，

图 1-2-10 叶家花园鸟瞰图 1（上海市肺科医院提供）

图 1-2-11 叶家花园鸟瞰图 2（上海市肺科医院提供）

图 1-2-12　叶家花园水景（上海市肺科医院提供）

图 1-2-13　叶家花园湖亭（上海市肺科医院提供）

继续为医院出力。1934 年 8 月 18 日，民国政府明令褒扬叶子衡领衔的中外人士捐资兴办卫生事业。褒扬令表彰了叶子衡"将价值八十余万元之上海江湾园地，捐赠为澄衷医院院址"的"仁心义举"。

澄衷医院开办后，在颜福庆、叶子衡等中外人士的不断努力下，澄衷医院继续得到发展。截至 1936 年，先后新建了克宁瀚夫人纪念堂（内设慈幼痨病疗养院儿童病房——中国首创的为儿童设立的肺病疗养机构）、颜氏头

图 1-2-14　叶家花园坞船（上海市肺科医院提供）

等病房、女子病房、嘉道理爵士茶厅和嘉道理夫人纪念堂等建筑，病床增至 72 张。根据《中华医学杂志（上海）》1937 年第 3 期刊登的吴达表《澄衷疗养院报告》一文中记载：1933 年 6 月到 1935 年 10 月，两年多共收治入院病人 476 人。

当时，澄衷医院已可施行膈神经切除术，对胸廓成形术则采用转送市区有关医院处置，术后一个月返回本院继续疗养。医院主要采用的治疗方法有人工气胸、膈神经截除、休息、营养、日光治疗与紫外线照射、防痨教育和训练、新鲜空气与康复。医院检验室能施行血球计算、血沉降试验以及尿、粪、痰之检查，查痰如无结核杆菌，必要时可运用浓缩法或向心法查之，屡查无杆菌之痰则可加以培养及动物接种。

医院还设立蒙养园（幼稚园），聘请曾受专业教育之女教员在户外为小孩授课，并请附近女学道之学员每周给成人讲授关于防治结核病之常识，同时在病室中设问事箱，悬挂图画标语，告知病者如何调养以及防免传病于他人之种种方法，开展休息、新鲜空气与渐进之练力。

作为国立上海医学院第二实习医院，澄衷医院建有较为严格的适合医学教育的医疗管理制度和规范疗程。管理制度规定：病人入院时，须彻底检查身体，并施以 X 光查验，记录详细病历。如属骨结核病人则置于特备之床上或以石膏绷夹，若系肺结核患者，则即令其卧床静养，并检查其痰等。凡住院病人，每星期测其体重及检验其生活能力一次。此外，每天巡视病室早晚各一次，每周举行医务会议以决定其诊断治疗，每周召开胸病讨论会，由本院全体医师、专家及国立上海医学院高级生、院外专家参加；病人出院后，由护士通知病人按时复诊，医院公共护士每月至少与患者通信一次，予以医学上的指导，并解答其疑问及知其后续康复之情形。规范疗程指引：病人初入院，被要求卧床两到三个月，三个月后可作渐进之散步，逐渐增加距离，并可上斜坡，疗效极佳。医院对收治的骨结核病人施行日光疗法及超紫外线照射法，对肺结核患者试用全身照射法等疗法，疗效都令人满意。（图1-2-15至图1-4-28）

1937年抗日战争全面爆发后，改为澄衷医院的叶家花园历尽沧桑，波折不断。根据上海市肺科医院院志记载，医院在抗战初期遭到日本侵略者炮火的严重破坏，爱国将领张治中将军曾坚持在江湾第一线的叶家花园水塔上督战。1937年11月上海沦陷，医院被日军占据后曾作为侵华头目岗村宁次、土肥原等战犯的住地。1940年日军又将医院交给

日本恒产株式会社管理，并一度将花园对外开放，改名为"敷岛园"，后因经营不善而关闭，重新改作日本特务机关。由此，医院陷于敌手被迫停办达九年之久。

1945年抗战胜利后，受经费所困，澄衷医院未能及时恢复，直至1947年，在多方努力下，才得以复院，并与当时的肺病中心诊所、红十字会第一医院肺病科、中山医院肺病科，同属四家防痨机构之一，但其更侧重于治疗。澄衷医院聘任肺病医学专家吴绍青教授任院长。到1948年，医院病床扩充至140张，全年门诊1 894人次。

图1-2-15 病人在排队做X光检查
（上海市肺科医院提供）

图1-2-16 克宁瀚夫人纪念堂
（上海市肺科医院提供）

图1-2-17 颜氏头等病房（现为医院9号楼）
（上海市肺科医院提供）

图1-2-18 女子二等病房
（上海市肺科医院提供）

图 1-2-19　女子三等病房
（上海市肺科医院提供）

图 1-2-20　嘉道理夫人纪念堂客厅
（上海市肺科医院提供）

图 1-2-21　嘉道理爵士茶厅（上海市肺科医院提供）

图 1-2-22　嘉道理夫人纪念堂（上海市肺科医院提供）

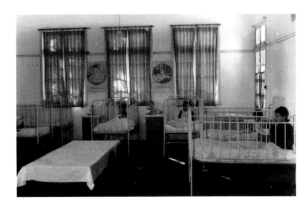

图 1-2-23　克宁瀚夫人纪念堂儿童病房
（上海市肺科医院提供）

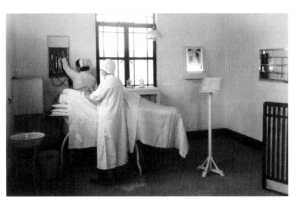

图 1-2-24　人工气胸室
（上海市肺科医院提供）

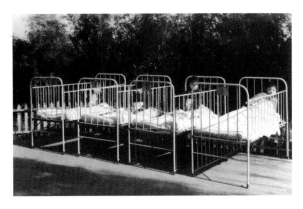

图 1-2-25　病人在接受日光浴治疗
（上海市肺科医院提供）

图 1-2-26　医院室外天然疗养旧景
（上海市肺科医院提供）

图 1-2-27　疗养中的病人在演奏乐器
（上海市肺科医院提供）

图 1-2-28　疗养中的病人在休闲娱乐
（上海市肺科医院提供）

三级甲等专科教学医院，上海市肺科医院（上海市职业病防治院、同济大学附属上海市肺科医院、上海市红十字肺科医院、上海市肺科医院互联网医院），集医疗、教学与科研功能为一体，以肺部肿瘤综合治疗、疑难肺部疾病诊治、结核病防治、职业病防控及其他呼吸系统疾病的诊断和治疗为医疗强项。（图 1-3-1 至图 1-3-3）

医院占地面积 10.1 万平方米，建筑面积 12.6 万余平方米，拥有设施先进的门急诊综合楼、病房大楼和医技综合楼。作为上海市"花园单位"，绿化面积达 55%，院内绿树成荫，芳草如茵。尤其是园区内的已有近百年历史的叶家花园，更是林木扶疏，环绕于碧水；鱼乐鸟鸣，相闻于园中；亭阁楼台，掩映于花丛……这无疑为病患者的治疗和休养提供了一个优美和舒适的环境。

医院连续多年获得"上海市文明单位"，2015 年以来获得全国和上海市"厂务公开民主管理示范单位"、国家卫健委"改善医疗服

三、灿烂辉煌——上海市肺科医院革故鼎新

（一）精医重道——坚守公益办院初心

作为一所颇有历史渊源和声誉的现代化

图 1-3-1　上海市肺科医院入口处
（上海市肺科医院提供）

图 1-3-2　上海市肺科医院鸟瞰（上海市肺科医院提供）

图 1-3-3　上海市肺科医院 3 号楼（上海市肺科医院提供）

图 1-3-4　连续多年获得上海市文明单位等称号（上海市肺科医院提供）

图 1-3-5　2017 年获全国厂务公开民主管理示范单位荣誉（上海市肺科医院提供）

务示范医院"、全国平安医院工作表现突出集体、"上海市五一劳动奖状"等荣誉，行风政风测评成绩名列全市前茅。（图 1-3-4、图 1-3-5）

（二）务实创新——秉持高质量发展理念

医院设施齐全，先进精良。全院核定床位 1 200 张，手术室 18 间。拥有 12 台电子计算机 X 射线断层扫描仪（CT）、3 台核磁共振成像设备（MRI）、3 台数字减影血管造影 X 线机 (DSA)、3 套直线加速器 (LA)、1 套 X 线正电子发射型电子计算机断层扫描仪（PET-CT）、2 台发射型计算机断层扫描仪（ECT）、1 台达芬奇医疗机器人、5 台体外膜肺氧合（ECMO）等

大型医疗设备。（图 1-3-6 至图 1-3-14）

医院设有胸外科、肿瘤科、呼吸与危重症医学科、结核科、职业病科等 11 个临床科室、11 个医技科室和多个研究机构。现拥有胸外科、呼吸科（呼吸与危重症医学科、肿瘤科、结核科）、职业病科（中毒科、尘肺科、核辐射科）3 个国家临床重点专科、3 个上海市临床重点专科（胸外科、呼吸与危重症医学科、结核科）、2 个上海市"重中之重"临床重点学科（呼吸病学、结核病学）、1 个上海市重点学科（胸外科）、2 个上海市公共卫生重点学科（结核科、中毒科）、1 个上海市重点实验室、1 个上海肺移植工程技术研究中心、1 个上海市感染性疾病（结核病学）临床医学研究中心、1 个省

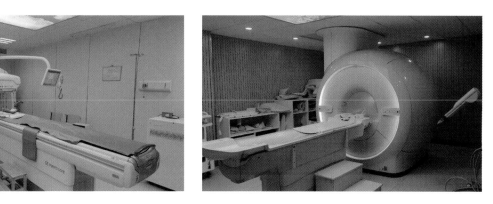

图 1-3-6　发射型计算机断层扫描仪（ECT）
（上海市肺科医院提供）

图 1-3-7　核磁共振成像设备（MRI）
（上海市肺科医院提供）

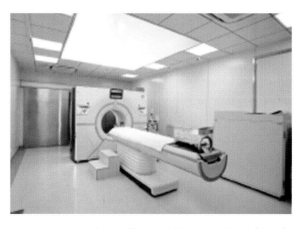

图 1-3-8　电子计算机 X 射线断层扫描仪（CT）
（上海市肺科医院提供）

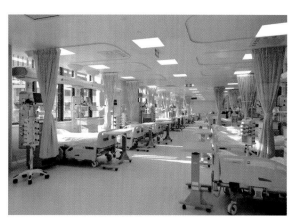

图 1-3-9　监护病房
（上海市肺科医院提供）

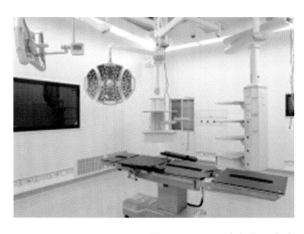

图 1-3-10　数字化手术室
（上海市肺科医院提供）

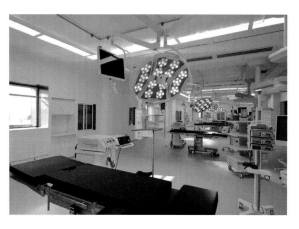

图 1-3-11　通仓交融手术室
（上海市肺科医院提供）

图 1-3-12　组织质谱成像系统（上海市肺科医院提供）

域重点疾病诊疗能力建设项目（肺部非感染性疾病）、1 个上海市协同创新集群项目（恶性肿瘤免疫治疗研究）。同时，医院设立 1 个临床转化中心以及肺癌、疑难肺部疾病、结核病、职业病 4 个临床研究中心。医院连年跻身复旦医院管理研究所全国医院排行榜与中国医院科技量值排行榜双百强。2021 年，位列复旦榜 42 位，其中胸外科、结核科均荣居专科第二；同年位列科技量值榜第 63 位，呼吸病学位列第 5 位。

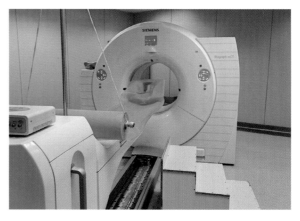

图 1-3-13　X 线正电子发射型电子计算机断层扫描仪（PET-CT）（上海市肺科医院提供）

全院现有职工 1846 人，专业技术人员占 94.3%，高级职称占 12.5%，研究生占 30.9%。拥有一支包含长江学者、青年长江、国家百千万人才工程人选（国家有突出贡献中青年专家）、杰青、优青、973 首席青年科学家、上海青年科技杰出贡献、上海领军人才在内的优秀人才队伍。

医院学术氛围浓厚，科技创新成绩斐然。"十三五"期间，医院主持及参与国家级项目 119 项，牵头"十三五"重大专项 1 项、子课题 2 项，牵头国家重点研发计划 2 项，主持国家自然科学基金 113 项，包含杰出青年基金 1 项、重点项目 3 项、重大研究计划集成项目 1 项、重大研究计划培育项目 2 项、优秀青年基

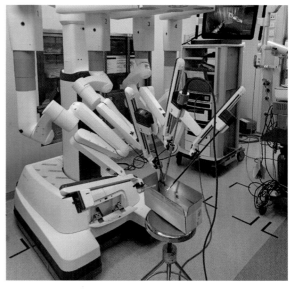

图 1-3-14　达芬奇机器人（上海市肺科医院提供）

金 4 项，参与科技部重点研发计划 2 项。共立项临床研究项目 319 项，其中注册类临床试验项目（GCP）158 项，含牵头项目 58 项；研究者发起的临床研究（IIT）161 项，含国家级项目 1 项、省部级项目 24 项。发表 SCI 论文共 666 篇，含 *Nature* 正刊 2 篇、子刊 4 篇和 *CELL* 正刊 1 篇，单篇最高影响因子（IF）42.778，IF ≥ 10 分共 39 篇。科技奖项获重大突破，首次获得国家科技进步二等奖和上海市科技进步一等奖（肿瘤科团队项目"肺癌精准诊疗关键技术研究与推广应用"）；另获得中华医学科技奖二等奖、中华医学科技奖卫生管理奖、华夏医学科技奖三等奖、上海医学科技奖成果推广奖等成果奖励共 16 项。

全院职工始终坚持"精医重道、务实创新"院训，紧紧围绕国家和上海市卫生健康政策和公立医院办医要求，坚守公益办院初心，面向未来，提升改革发展动力，秉持高质量发展理念，努力将上海市肺科医院建成专科优势明显、具有国内引领地位和较高国际影响力的区域性呼吸系统临床医疗、创新研发和人才培育中心。（图 1-3-15 至图 1-3-18）

图 1-3-15　非典时期外宾门诊部

图 1-3-16　2020 年支援武汉人员凯旋

图 1-3-17　2022 年支援上海嘉定 F1 方舱医疗队

图 1-3-18　2022 年支援海南医疗队

山林小筑——9号楼

万物舒生
鸟雀欢鸣
阳光穿透云层
山林沐浴着春的温暖光束
弹格石道上的调皮小狸猫
跳追扑影翘尾逃

茂密的修篁与翠柏之中
黛瓦清水墙掩映
小筑窗棂里
时时透出研读的灯光

第二章
叶家花园的建筑阅读

午后花园——四恭亭

觅凉望湖消仲夏
倚栏听蝉看闲花
四恭亭里说往事
善举捐园数叶家

一、嘉园宜赏——叶家花园的品读略谈

　　建筑可以阅读，街区适合漫步，城市始终有温度。上海正在加快建设具有世界影响力的社会主义现代化国际大都市，就建筑可以阅读而言，散落于上海各处的一些海派园林，别有格调，自成一脉，深得"海纳百川、兼容并蓄、大气谦和、开明睿智"的精髓。这些园林建筑完全有理由进入人们的阅读视野。而建成于1923年的江湾叶家花园，就是其中一个颇具看点、充满故事、其味隽永、耐人品读的范例。

（一）闹中取静——世外桃源般的园林胜景

　　叶家花园，现在属于全国闻名的肺病专科医院——同济大学附属上海市肺科医院的附属绿地，位于闹中取静的院区东北一隅，深藏不露。全园占地面积约77亩，内有留存百年、阅尽海上风云的历史建筑，诸如延爽馆、琉璃阁等。有层叠崎岖的湖石假山，诸如卧龙岗、伏虎岭等。有风格多样、中西合璧的亭子，诸如四恭亭、金锁亭（图2-1-1）、吟月亭、回波亭和牡丹亭（图2-1-2）等。有曲水回绕、小桥相连的岛屿，桥诸如四恭桥、玉带桥、羲象桥、匹练桥、金锁桥和晴涛桥等；岛屿诸如小罗浮等三岛。有静静的湖泊和飞泻于叠嶂间灵动的瀑布，湖诸如叶湖等；瀑布诸如银河倒泻瀑等。有四季争艳的繁花；有枝干遒劲直指苍穹的古

图2-1-1　金锁亭（上海市肺科医院提供）

图 2-1-2 　牡丹亭（上海市肺科医院提供）

树……整个花园呈东西向的不规则椭圆形，似葫芦状，与"福禄"音同，其寓意源于道家思想，象征富贵，代表吉祥。

全园胜景，由点、线、面结合而成。以亭榭、桥楼等景为灵动的"点"，以环水石道、蜿蜒山路、曲直小径围合成延长的"线"，以岛屿、山林、水体铺展的"面"，形成了美观精致的全园胜景，可谓咫尺天涯，壶里乾坤，俨然一个小宇宙。徜徉其间，使人观之不尽，回味无穷。"竹青橘绿石榴红，一带深幽似画中。更有琴音出林杪，满园碎影玉玲珑。"这首由民国宁墨公作的七言绝句，描写的就是江湾叶家花园的景色。

叶家花园的可圈可点处，大体有四：一是小中见大，曲中见远。这是中国古典园林特别是江南私家园林的空间艺术特色，叶家花园亦是如此。它占地并不大，却充分彰显了曲折迂回的手法，利用假山、植物遮挡视线，形成丰富的空间层次；通过石头的堆砌、地面的抬高，形成视线的变化效果。整个造园效果是融山光水色于一体，创造出丰富多彩的景观，铸就出可游、可行、可观、可居的园林美景。二是师法自然，匠心巧施。借人工湖泊之水，用太湖所产之石，叠山理水，既注重传承江南园林的韵味，又吸收北方园林、西方建筑的元素，尤其是亭台楼阁津梁等建筑物的细节之处，常常体现出中西合璧的艺术风格。三是崇尚风雅，情趣盎然。林中赏玩竹、松、莲花等植物花卉，以此借景寓意、寄情山水、吟咏性情。游赏叶家花园，使人有一种自然而然地进入画境的感受，意境深远而有层次（图 2-1-3）。四是将居住功能与游赏功能密切结合，营造出一个有风景的"小环境"，让人自在地、诗意地休憩于其中，去领略与鱼鸟共乐、与山水同欢之真趣。

图 2-1-3 红叶（上海市肺科医院提供）

总之，叶家花园是海派园林的代表之一。其典雅古朴、精致秀气，具备了江南园林的典型风格。而其融入西方元素所形成的独特景观，则是海派园林最具代表性的文化符号。

品读叶家花园，不仅品读其"景语"——由物质构建所外显的形，更宜品读出其"景语"

所蕴含着的无形的潜台词"情语"——那种生活态度、艺术品位和审美意趣。

三十多年前，同济大学教授陈从周先生曾提出对外过开放．游览叶家花园的建议，而今叶家花园经过修缮再次开放完成了他的夙愿。下面，就让我们一起从各个角度去细细品读叶家花园这个海上嘉园吧（图 2-1-4）。

（二）曲径通幽——移步换景的天然美感

自医院主路进入花园，首先见到的是修缮后的 11 号、12 号楼（图 2-1-5），旁边设有停车场。红楼边上仁立的复原水塔（图 2-1-6），成为整组建筑群的一个精神堡垒。1932 年，淞沪抗战中

图 2-1-4 叶家花园景点平面图

图 2-1-5　11 号、12 号楼（周培元摄）

图 2-1-6　水塔（刘仲善摄）

图 2-1-7　9 号楼（刘仲善摄）

图 2-1-8　现入口处（周培元摄）

图 2-1-9　龙形湖景 1（上海维方建筑装饰工程有限公司提供）

图 2-1-10　龙形湖景 2（上海维方建筑装饰工程有限公司提供）

张治中将军曾登上水塔指挥过战斗。

左边假山累叠的模纹花坛建在斜坡上，沿高处植有竹丛与香樟，并立湖石数块，依稀可见青砖灰瓦、中式仿古门窗的 9 号楼（现为医院办公室）（图 2-1-7），此处即将步入叶家花园。沿着弹格石道进入宽敞的主路，在入口处设置了溪坑石作为步行道隔断的石档，路两侧的花坛由太湖石堆砌，凹凸相间，曲折有情，意象幽邃，或飞扬，或憨朴，或雄奇，或灵动。一石一座、自然天成，需观者放慢脚步，细细品味。（图 2-1-8）

盈暖春期，正值樱花烂漫时，走在樱花树下，抬首、举眉、沉醉在粉色的花香中，不知不觉已深深地陷入其境。

入园便见怪石乱卧，举目四顾，古树苍翠欲滴。"伏虎岭"横卧在花园左侧，张开双臂怀抱园中湖泊。岭上竹林成片，古松参天，花繁草茂，奇石垒成的湖石千姿百态，如猛虎野兽，又如云似水。

右侧沿石阶而上，清风徐来，暗香涌动，顺着盘旋的石阶登临山巅，可遥望横跨湖央的四恭桥，转身即可饱览叶湖全景，湖中山石的鬼斧神工之势令人叹服。远处的龙形湖石造景蔚为壮观，龙首缺失的部分已修缮完整，见其形态优雅，仿佛正在休憩。

如此遐想中，不觉快步下山去往湖边探个究竟。水中八仙过海，姿态各异。湖周砌满犬牙交错的太湖石，静心观之，可辨出百种模样（图 2-1-9、图 2-1-10）。沿湖一路往前，只见龙首抬头正对湖边山洞。洞内藏有一柱擎天，犹如神龙深藏的镇园之宝。

出山洞后继续沿着石级而上，坡入主道，转身几步之遥便已来到原东门。此门楼奇特，除雕花图案外，顶部还建有一个方形的中式亭子（图 2-1-11）。只身折回，左侧山坡处有一中式仿青砖饰面的办公建筑 15 号楼，现为医院保卫处。

随即又回到入口处，沿弹格道一路往前，

道上暗香疏影，竹木清幽，时而传来的鸟鸣声委婉曼妙。在幽静的环境中，碧池之上，有桥一曲，名"四恭"（图2-1-12）。桥边荡漾的湖光山色让人眼前豁然开朗，两侧植有百年松柏，满目青翠，饶有野趣。时而有贴水俯冲而过的鸟儿打破原有的寂静，为湖面增添了一丝灵气。

迂回曲折的鹅卵石铺成的小道上，镶嵌有形态各异、惟妙惟肖的飞禽走兽、花草鸟蝶（图2-1-13）。似见波光粼粼，似听裂岸涛声，树影绰约下唯影随行、飞檐斗拱处端坐着神兽鸱吻。一转一深，一转一妙，玩味不尽。

遐想中，不觉踱步来到了小罗浮岛。折转西行，见栖云洞，洞壑幽深，曲折盘桓，让人感到自然质朴、独特新奇。目之所及，只是乱石一堆，待到漫游其中，方知奥妙无穷。

图 2-1-11　东门门楼（周培元摄）

图 2-1-12　四恭桥（刘仲善摄）

图 2-1-13　园内鹅卵石铺道（上海维方建筑装饰工程有限公司提供）

图 2-1-14　羲象桥（陈瓒摄）

图 2-1-15　回波亭（沈红梅摄）

穿洞而过，犹见羲象桥飞跨湖面，秀气雅典，伴随湖面波光倒影间的绮丽，华美极致（图 2-1-14）。树影倾斜，阳光透过镂空的铁艺栏杆若隐若现，犹如喧嚣中的一方净土，清新脱俗，宁静幽雅。

隐匿于山脚的洞口，有小径宛转上下。绕过重重弯道登上山坡，顾盼流连中依稀可见小白楼忽隐忽现于树丛中，右侧有人迹散步湖岸，亭中石凳之上坐有三四人，山下卵石小道亦有行人漫步，整个安静的园子顿时流动了起来。

下山至洞口处，见玉带桥西侧有一回波亭，三面依水，有石凳置于亭内，可在亭中小憩赏景（图 2-1-15）。临水有株高耸直立的棕榈相依相伴，四周松柏耸立，郁郁葱葱的树木连成一片，亭前亦有两个石凳，为园中旧物，上面的雕刻隐约可见。靠在水边静坐，仰视天空飞鸟，俯看水中鱼跃，别有一番情趣。

过玉带桥即到叶家花园最大的岛屿，岛内矗立着园中最大的建筑延爽馆，因其主体为白色，又被称为"小白楼"，在假山古木的掩饰下，显得高雅雄秀。

延爽馆所处地势高峻宽敞，四周山岭环抱，环境清幽，三面环廊，四面环水，可眺全园胜景。每逢盛夏，碧波之上，微风送爽，此为"延爽"之名来源之一。遥想当年园主与宾客们身穿华丽服饰，或倚靠在宝瓶栏杆前遥望叶湖，或在湖中划船游坑，或在楼内打球观影，夜夜歌舞升平，一派热闹的景象！

现如今"小白楼"作为医院院史馆静静地伫立在花园内，环以山池林木，是园内的主要景区。不远处，碧绿的池水染成金色，清风徐来，水波微兴，水池中出现一道道平行的波纹，水面变成一条颜色绚丽的彩缎。

过延爽馆北行，见金锁桥临波踏水、气韵流动，一只铜铸的花公鸡伫立顶上，精巧之工不言而喻。（图2-1-16）

折回延爽馆后沿道东行过玉带桥，来到园内最小的岛屿。紫藤廊道将其一分为二。南部的瞭望台（图2-1-17），白色通体，围以栏栅。

沿梯攀上露天平台极目远眺，可赏北部假山怪石垒成的猴亭。据说这里原是一座猴岛，作为对外营业的花园，饲养猴群、孔雀等供人观赏。

顺势走近，一座小型假山置于水泥镂空的圆亭之中，此处便是猴亭（图2-1-18）。沿外圈鹅卵石铺道绕行数步，可见对岸古树苍翠欲滴，枝条盘生曲折，姿态优美。不远处隐约可见湖中喷泉不停地摆动着身姿，时而像蜿蜒盘旋的巨龙，时而如突兀森郁的山峰。山旁有竹，竹有石依，石间有草，林间雀跃追逐，鸣声此起彼伏，游至此，其乐无穷。

离开小岛，穿过与紫藤相连的柳浪桥，转身往北可抵吟月亭。环顾四周，高大香樟树延伸至湖中，淡淡的清香片刻间令人恍然若梦、陶醉其中。桥下流水依依，岸边虬枝苍劲，相

图2-1-16　金锁桥（上海维方建筑装饰工程有限公司提供）

图 2-1-17　瞭望台（刘仲善摄）

图 2-1-18　猴亭（刘仲善摄）

得益彰。不远处的吟月亭小巧玲珑、朴素清新，犹如一位诗人隐居于此，自甘寂寞。西北侧见牡丹亭凌驾于蜿蜒曲折的"武陵源"湖区，此名出自陶渊明的《桃花源记》"晋太元中，武陵人捕鱼为业"。游人置身于城市之中，又能享受桃花源般的生活意境。

再往远处观望，金锁桥影约妙跨于水波荡漾的湖上。湖中央有一湖石堆叠的神龟，龟背镂空植有芦苇丛，龟首浮出水面，神气盎然，仿佛向猴岛彼岸前行。

牡丹亭临水而建，与金锁桥遥相呼应，隔湖而望。置身其中让人感觉水面开阔、明朗舒展。亭边铺两条卵石小道，交汇之处由太湖石垒成的小假山成驼峰状，依山傍水，湖水萦绕，造型别致。牡丹亭四面透风，草长莺飞，花香酽酽，倚坐在美人靠可静看凝香微露在枝头缓缓滴落。

沿鹅卵石小道曲折向北，郁郁葱葱的古树静谧幽雅、枝繁叶茂，它们或与山石为伴，或静立于池水之畔。拾阶登高，可达山顶"银河倒泻瀑布"（图 2-1-19）。最高处的平坡围有一桌石凳，可稍作停留。向下有一条曲折小径，栽有竹丛，石径通幽。瀑尾引流至牡丹亭与吟月亭间，两侧湖石围绕，中间植水栽，与湖面自然相连。池岸边三块被绿色藤蔓围绕的太湖石如卫士般屹立在瀑布旁。半山坡面水临崖处建有抗战亭（图 2-1-20），亭旁植竹数枝，绿影摇曳，清风自引。

图 2-1-19　银河倒泻瀑布（陈瓒摄）

图 2-1-20　抗战亭
（上海维方建筑装饰工程有限公司提供）

抗战亭位于叶家花园的东北角，山坡以少量之石，叠成大型之山，绝壁、蹬道手法自然逼真，石块大小相间，塑造了峻峰高耸、深潭临下的高原山水意境。抗战亭的历史背景和文化遗迹兼具很高的景观价值和历史人文价值，彰显了上海这座城市的自然与人文特色。

顺势而下，沿卧龙岗一路往西可绕至西入口处。左侧潜龙池围有一湖石微岛，筑以石阶相连（图 2-1-21），石阶两旁植有百年龙柏、玉兰，山坡上有一幢中式古典风格的建筑"颜庐"。该建筑现为医院 GCP（国家药物临床试验机构）办公室。（图 2-1-22）

大门右侧有一处小水景，取名"集霭渚"（图 2-1-23），此处即是云雾缭绕、半梦半醒的人间仙境。近处有一欧式拱桥（图 2-1-24），小巧精致，虽说偏于一隅，围绕陂池尾水，复有清泉、湖石，沿石阶往高处，斜坡上野草小花散发出阵阵幽香，树影森森，亦观之成趣。

高大疏朗的西式门楼雕镂气势雄伟、内涵丰富、赏析有趣（图 2-1-25）。查看历史资料推断原门楼前入口处较为宽敞，设有停车的场地，入口处的石铺道深深凹陷，足见其年代之久远和慕名者之纷沓。如今虽只留这古藤蔓延的门墙荫覆着墙根的尺树寸草，但其伟岸之美、古拙之风犹存。

入口正前方有一座弧形石屏名为"小庐山"（图 2-1-26）。整座假山，后负土坡前绕水，湖石堆砌，错落有致，又有零星湖石点缀，池水萦绕，古木陪衬。如遇雨天，淅沥的雨点，仿佛阵阵古琴声荡过池面，激扬飞溅。两边架有紫藤廊通向园内，延绵不断，含蓄不尽。紫藤千娇百媚，湖石状若秋云，似障非障，园景隐约可见。

从原大门漫步一路向东，于万绿丛中可见一道飞檐，黄绿相间，相映成趣，其便是琉璃阁（图 2-1-27）。夕阳下，琉璃阁映着霞光，

图 2-1-21　潜龙池（沈红梅摄）

图 2-1-22　颜庐（现为 GCP 办公室）

图 2-1-23　集霭渚（沈红梅摄）

图 2-1-24　集霭渚欧式拱桥（沈红梅摄）

图 2-1-25　原大门门楼局部

图 2-1-26　小庐山

巍然挺立，金碧辉煌，耀眼夺目。（图 2-1-28）

　　清代钱泳在《履园丛话》中说："造园如作诗文，必使曲折有法，前后呼应。"这句话充分体现了中国的造园美学。园林的山水、花木、建筑，倾注了主人的情趣意向。

　　湖石假山为一胜景，既有高山耸立陡壁悬崖之雄伟，又兼具小桥流水花丛点缀之别致。任凭大风大浪和历史的侵蚀，沉淀下来的是其顽强的精神，坚忍不拔的意志和被时间雕琢出来的内在美。

　　园中叠山理水、曲径通幽，池塘小桥、花草佳木都具有姿态舒展的韵律变化。诸多景观要素和艺术空间组合成为一个完整、和谐、极富变化的"园林体系"。岛、桥、亭、湖石、

树木等多种景观能彼此协调、相映生辉。

　　所谓"有山皆是园，无水不成景"。园中水景占总面积的三分之一，通过瀑布喷泉、动静水景、湖石植物以及亭、台、楼、榭建筑等艺术形式的结合，既有传承，又有创新。整体布局、主题形式、造园意境以及章法韵律犹如一幅流动的立体山水画，在游览的过程中，给人置身画境之感。

　　园中运用不同的材料，色、质、形，统一和谐，连续、重现、对比、均衡、节奏、韵律等一系列艺术美学规律，产生了"外师造化，中得心源"的意境。"虚实"之妙尽在不言中，其意趣正如"云深不知处"的空灵、"白日依山尽"的悠远、"行到水穷处"的淡然。

图 2-1-27　琉璃阁（周培元摄）

图 2-1-28　琉璃阁顶部（周培元摄）

　　"片石多致，寸草生情。"园中诸亭周植广玉兰、梅花、桂花等芳香植物，园内多水杉、雪松、龙柏、樱花、红枫、香樟、棕榈与竹丛等木本花木。亭前临水平台的水池中遍植荷花，池中以莲荷为主，每到夏日，香气扑鼻。临亭小憩，莲叶亭亭，凉风习习，十分畅爽。居园者的审美理想和创造力造就了叶家花园的湖石奇观，水景中的山石与水体相互搭配，形成了动静结合的艺术之美，宁静而活泼的园林之景。

《佛罗伦萨宪章》中提到园林就是天堂，是一种文化、风格和时代的见证。叶家花园承载着丰富的历史特征，反映了当时上海的历史风貌和建筑特色，既传承了东方的造园艺术，又受西方文化影响，体现诗情画意，追求"清水出芙蓉，天然去雕饰"的含蓄、幽深的自然美意境，布局自由灵活、迂回曲折，洋溢出曲径通幽、移步换景的天然美感。园中山形水系和建筑物的选择与布局，追求人与自然和谐，强调"天人合一"。（图2-1-29、图2-1-30）

漫步叶家花园，一泓碧池，峦叠假山，几颗枯漏似丑的太湖石，春日芳草嬉戏，夏日池亭观鱼，秋日闻桂赏月，冬日踏雪寻梅。建筑可阅读，城市有温度，行走在四季的更迭和时光的韵律里，静守着这块精神家园，让人、建筑和自然和谐共生。

图2-1-29　叶家花园的湖石假山
（上海市肺科医院提供）

图2-1-30　叶家花园的池塘小桥
（上海市肺科医院提供）

八面风光——金锁桥

幽涧曲池　微风轻拂　流水淙淙　雅奏如琴
北岗南岭　岚兴云浮　藤萝翠柏　花影鹂声
金锁桥上　金锁亭立　蓝色琉璃　朱色门窗
亭顶雄鸡　啼晓迎日　知己三五　小憩于斯
览尽叶湖　八面风光

二、海派雅苑——叶家花园的艺术特征

人们营造园林的宗旨，是为了满足物质与精神的双重需求。造园所能满足的物质需求，主要在于其可供人们居住休憩；造园所能满足的精神需求，大凡在于其能够让人们省却旅途劳顿而随时可以获得赏玩山光水色、吟风弄月等审美愉悦。

当年，叶子衡营造叶家花园，除了供自

图 2-2-1　叶家花园鸟瞰图
（上海市肺科医院提供）

家居住休憩和赏玩之外，还兼有对外营业之实际赢利之目的，但是，营造园林宗旨所包含的满足精神需求即审美愉悦这一端，并未因此减弱，而是处处休现于叶家花园的营造擘画中（图2-2-1）。这座已有近百年历史的海派园林，之所以能够满足人们的精神需求，其原因，不妨试从叶家花园所呈现的艺术特征中作一次探寻。

总体来说，园林艺术，须由诸如山水、花木和建筑等这些不可或缺的要素构成。中国古典园林将这些要素综合成空间艺术品之后，很能体现中国传统艺术所强调的诗情画意之特征。而中国江南古典园林，在这个基础之上，又平添一种雅秀、潇洒的书卷气特征，以柔美婉约取胜。近世以来的海派园林，则又在江南园林的基础之上，以兼收并蓄的开放心态，融入域外园林建筑元素，别开生面，别具一格，赋予园林艺术多元化意蕴。叶家花园的主人叶子衡，文化视野开阔，知晓世界发展潮流，敏于延纳外来新事物，乐于吸收时尚元素，而他当年身处的，是开埠后的上海，已然成为中西文化交汇的"大码头"。这些个体的、时代的、社会的等方面的背景，正好给营造叶家花园者提供了左右逢源、广加采撷、兼收并蓄的机会，并以此勾勒出极富上海地域特色的海派园林艺术景观。因此，叶家花园除了具有中国古典园林尤其是江南园林的传统艺术特征之外，还由于吸收引进了西式风格的门楼、宅邸、桥梁等建筑样式——继承传统而又不拘囿于传统——于是给人以开放灵活、海纳百川的新颖大气的格局，使之成为海派园林的代表作。叶家花园的总体艺术特征，可以用十六个字来概括：巧思妙想，灵动多变，如诗如画，中西合璧。

对于叶家花园的这个艺术特征，可以再进一步从艺术匠心、艺术风韵和艺术意境三个角度，去细加体悟。

（一）巧思妙想——叶家花园的匠心独具

所谓艺术匠心，这里指的是造园擘画者在营造园林时，体现在规划设计上的巧思妙想。

从造园艺术角度来讲，园林的最后生成，需要造园者对所处环境作一番所谓审美保障处理，从而保证所造之园能最大限度地满足人们的审美需求，亦即在游园之时获得丰富的审美愉悦。而倘使在那些"先天不足"的环境中造园，则审美保障处理更为重要，更不可或缺。这就更需要凭借造园擘画者的匠

图 2-2-2　叶湖中的小舟（上海维方建筑装饰工程有限公司提供）

心加以化解。（图 2-2-2）

　　造园所处的环境，按照明代园艺家计成的划分，有山林地、城市地、村庄地、郊野地、傍宅地、江湖地六类。在这当中，适宜造园的，首推山林地、江湖地这类拥有自然山水风光的环境，缘此可以获得"阶前自扫云，岭上谁锄月"和"悠悠烟水，澹澹云山；泛泛渔舟，闲闲鸥鸟"之趣。其次则数村庄地、郊野地这类拥有田园景物的环境，缘此可以获得"围墙编棘，窦留山犬迎人；曲径绕篱，苔破家童扫叶"和"桥横跨水，去城不数里，而往来可以任意"之乐。最后才选择城市地、傍宅地这类属于人工环境，只缘此类环境存在"先天不足"，一般都没有山水田园可资借景，往往给园林布局和造景带来颇多制约和困难，所以计成说"市井不可园也"。但是，由于种种原因，人们又常常不得不在城市里傍宅造园，即便被视为江南园林代表的许多苏州名园，也是如此。而先天不足的造园环境，有时则可以"倒逼"出造园擘画者匠心独运的巧思妙想来。

　　叶家花园的擘画者其匠心独运的最突出表现，就是对叶家花园所处的环境作了一番颇具巧思妙想的审美保障处理。

　　地处沪东江湾的叶家花园，就受到了城市和傍宅这两个因素的制约。江湾当时虽属上海城市的偏远地区，但并非完全的郊野，当地已有万国体育会（江湾跑马厅）等大型公共娱乐场所和富人别墅。这种外部环境，对叶家花园的景观营造和审美观照活动，无疑会产生种种掣肘和干扰因素，这就需要运用审美保障的各种手段一一化解。而从叶家花园现存的布局可以看出，其擘画者首先采用岭岗围隔、重门闭关的手段，将正门（西门）筑成高大门楼，再自门楼的南北两侧堆土叠石，垒起山岭山冈，巧妙地利用这两道岭岗以及岭岗上的乔木竹林

等植被，以充当园林的高围墙，屏挡左邻右舍，合围出一个独具一格、自成体系的小环境、小气候、小天地。使人入园之后，在视觉和听觉上与周边环境有一定的间距，摒除外部干扰因素，从而达到了"邻虽近俗，门掩无哗"的预设效果，也让造园擘画者能够更自如地按照园主人的艺术旨趣来经营园林。

　　叶家花园的擘画者对环境作如此审美保障处理，颇为成功。园内围合而成的空间，特别是在花园南北两界人工堆叠绵延的岭岗，既完成了园内造景之需要，又形成了虽非自然却胜似自然的屏障，为游园审美活动不受外部因素干扰提供了保障，真可谓"一石双鸟"。这岭岗，要比单纯砌筑高围墙更显巧思匠心。

（二）灵动多变——叶家花园的风韵别出

　　所谓艺术风韵，这里主要是指在艺术中呈现出来的风格和意趣。而园林的艺术风韵，则往往通过山石池沼、林木花草、楼台亭阁等形象要素来呈现的。（图 2-2-3）

　　叶家花园的艺术风韵，突出呈现于叠山理水上的动与静、虚与实的灵动变化及其对比互补方面。这应该也是叶家花园的擘画者在谋篇布局、叠山理水上的一种"意在笔先"的有意识的艺术追求。

　　造园犹如挥笔作文、泼墨画画，皆以谋篇布局为先。而造园的谋篇布局，大都是以叠山理水为先，也就是将大自然的山水"写"进一个相对封闭的、有限的园林，一个小而独立的环境里，而且形神兼顾，以神似为主。叶家花园的擘画者，也的确是如此做的。

　　叶家花园的擘画者在谋篇布局时，第一步是理水。这里的理水，是指园林水景的布置安排。擘画者先在叶家花园的中心位置开

图 2-2-3　牡丹亭（刘仲善摄）

池蓄水，形成叶湖。有了叶湖，叶家花园的空间就此开朗舒展了起来。这个湖，是叶家花园的"面"。有了这个面，就可以利用水的倒影，将园中亭台、楼阁、桥梁等建筑和山石以及林木花草映入湖中，使得画面生动鲜活，丰富了园林的内涵，体现出一种有虚有实，虚与实的互见互补、相得益彰的艺术风韵。叶湖之水，作为一种人工艺术化审美客体，能拓宽胸襟、顿释烦恼，进而陶冶情操、净化心灵。而叶湖之中，又堆土踊出大小三岛，是叶家花园的"点"。叶湖三岛，是可居可息可钓可眺的佳处。再于湖中架桥七座，其中柳浪桥、四恭桥（图2-2-4）、晴涛桥和金锁桥四桥连接岸与岛；羲象桥（图2-2-5）、玉

带桥两桥连接岛与岛；匹练桥（图2-2-6）架在湖畔瀑布流泻处，以连接环湖步道。这七座桥，将岛与岸、岛与岛以及环湖之步道相沟通，是叶家花园的"线"。而三岛、七桥、叶湖这点、线、面一俟齐备，从结构体系上看，叶家花园总体框架就清晰可见了。就像创作一篇文采斐然的华章，首先要将思路梳理得清晰可辨，接下来，就可以进一步铺叙丰富的内容了。

有山无水，如人之无目；有水无山，如人之无眉。有了眉目，方可传情达意。叠山理水所创造的山水景观，可再现山美似画、水秀如诗的自然风光，以达到"宛如天开"的境界。所以，叶家花园的擘画者在谋篇布局时的第二

图 2-2-4　四恭桥（刘仲善摄）

图 2-2-5　羲象桥（刘仲善摄）

图 2-2-6　匹练桥（刘仲善摄）

图 2-2-7　银河倒泻瀑布

步，是叠山。这里的叠山，是指园林山景的布置安排。擘画者在叶湖南北两岸，积土而各成一山。所用之土，很可能是就地取材，即开挖叶湖的土方。南山"伏虎岭"，由南逶迤向东、西两端绵延；北山"卧龙岗"，则由北逶迤向东、西两端绵延，营造出"环水抱山山抱水"的意象，让游园者领略到山水相依、有动有静、动静相宜的艺术风韵。

　　中国私家园林里的"叠山"，一般而言，体量较小的，叠石而成，就如叶家花园内正对大门的"小庐山"；体量较大的，单纯叠石成本太高，则先积土以成山的大形势，再缀石以凸显山的峻嶒峥嵘等形态，就如叶家花园中的

伏虎岭、卧龙岗。而擘画者对卧龙岗的叠石尤为费心，堪称大手笔。在卧龙岗偏东处，也是最高处，濒叶湖依土坡叠垒湖石至岗巅，使其具有山崖陡峻耸立的效果。与其相呼应的，是在其下临的叶湖这一片水域中，用湖石砌叠出一组神似蛟龙、禽兽以及八仙模样的造型，使得叠石景观更为丰富，可以激发出游园者更多的想象。

　　有了"山崖"这个"地貌"，又回过头来为进一步理水提供了一个"大舞台"。叶家花园的造园擘画者在卧龙岗"山崖"附近设置一个人工瀑布的蓄水池。每当水泵开启，水流经过平台便飞泻而下，形成七八米高的瀑布，泻

入高于湖面三米的下蓄水池，池水漫溢后再泻入湖面，形成第二级瀑布，瀑布的大小落差、形态各异，再现了自然界的山川之美，充分体现了中国园林造景宜曲不宜直、崇尚变化的艺术旨趣。这个瀑布取名"银河倒泻瀑布"（图2-2-7），其灵感当来自李白诗《望庐山瀑布》里的名句"疑是银河落九天"。

叶家花园的擘画者还特意在下蓄水池上加单孔桥一座，名"匹练桥"，游园者立于桥上，既可以仰观如银河倒泻、匹练飞悬的第一级瀑布，又可以俯视桥下第二级瀑布。

就在这俯仰之间，尽览仿佛自然的溪泉飞瀑之胜景，感悟到"虽由人作，宛自天开"之艺术风韵。

叶家花园这样的叠山理水，凭借水的灵动与山的凝重，充分体现了中国造园艺术中的动与静、虚与实的变化、对比、互补之风韵。另外需要指出的一点就是，这其中还蕴含了智者乐水、仁者乐山，智者乐、仁者寿的儒家教化宗旨，让游园者在观景的时候，不仅能得到艺术风韵的审美陶冶和愉悦，还能受到哲思睿智的启迪。（图2-2-8）

图 2-2-8　叶湖喷泉（上海维方建筑装饰工程有限公司提供）

（三）如诗如画——叶家花园的艺术意境

有深谙中国园林之妙者言，园林艺术的高境界，乃是既含客观的天然造化之奥义，让人憬悟；又多主观的诗情画意之韵味，让人涵泳。而将这两者融于一体的，就是艺术意境。这也可以说是叶家花园的擘画者在造园时的又一个艺术追求。

叶湖有三岛，岛之最大者位处叶湖西侧。从大门（西门）入园，绕过照壁"小庐山"，跨上晴涛桥，下桥便可登上此岛。岛上林木扶疏，植松、柏、杉等乔木，四季葱茏。叶家花园中的主楼延爽馆（图2-2-9），就掩映于绿叶繁茂中，其明洁俊爽、若隐若现的景致，颇得中国园林建筑欲显还藏的含蓄效果。因此，这

幢建筑虽然是法国古典主义风格，却也显得自然而无突兀之感。值得注意的是，整栋楼建在高出地坪的台基之上，楼宇有两层，底层止面及两侧立面为爱奥尼柱式带扶栏的敞廊，显出一种雍容典雅华贵的气质（图2-2-10）。敞廊顶上就是第二层围栏平台，登上平台，可以扶栏放眼四望，叶湖碧波、伏虎岭和卧龙岗以及叶家花园其他远近诸景，如画卷般渐次展开，一一呈现，尽收于眼底，尽揽于怀中，让人胸襟开阔。此中还真有轻松宽爽、心旷神怡的"延爽"之意。即使憩息楼中，午梦醒来，楼外松风鸟语，声声入耳。就像宋人诗句所写"颇得山居趣，悠然醉复醒。闭门延爽气，数竹寄闲情"，只需把"山居"换作"岛居"，"数竹"换作"听松"，就十分贴切了。身处延爽馆，给人以诗意的休憩之美感。这恰与中国古典园

图2-2-9　延爽馆正面（周培元摄）

图 2-2-10　延爽馆侧面（周培元摄）

林追求诗情画意的艺术意境相契合。

　　延爽馆四面环水，在空间上与岸陆相分隔，营造出疏离、悠远的意境。但又不是离群索居，没有孤寂感，这得益于岛与岸、岛与岛之间悉有桥相连相接。延爽馆除了西面的晴涛桥（图 2-2-11），北面，有金锁桥与叶湖北岸相通；东面，有羲象桥与三岛中筑有秋千平台的那个最小的岛相连，穿过此小岛，可经柳浪桥（图 2-2-12），抵达叶湖东岸；东南面，有玉带桥与三岛中第二大岛"小罗浮岛"相连，再由此岛经四恭桥，而抵达叶湖南岸。所以，在叶湖之上自有一种若即若离、似近又远的微妙意境蕴含其中，耐人寻味。

　　叶家花园的擘画者对这种微妙意境的追求，还体现在卧龙岗下即叶湖北岸"武陵源"景区的营造上。这里是叶湖水面最开阔处，在

由湖岸伸向湖中的水榭式建筑牡丹亭内，四面来风，举目皆景。游园者在亭中倚栏而坐，近，则可以俯察水中之锦鲤，顿生庄子濠梁羡鱼之乐；远，则可以隔水眺望湖中岛屿和湖畔景物——正视前方，碧波荡漾处是叶湖三岛中之最小者，以及将其与湖岸和别的岛连接起来的柳浪桥和玉带桥，还有那掠过湖面的鸟、桥上的人影、岛上的林木亭台……宛如在画中；左顾，是卧龙岗银河倒泻瀑布、匹练桥和吟月亭诸景；右盼，是金锁桥和叶湖最大岛及延爽馆诸景。可以说，在这一个位置，安排这一个牡丹亭，就像摄影师选取了一个极佳的站位，得以拥有非常好的摄取镜头的角度。足见擘画者很好地运用了距离产生美的艺术审美规律。而当游园者漫步于金锁桥等处，则牡丹亭自己成了含有"在水一方"之意境的景观。"牡丹亭"，

图 2-2-11　晴涛桥（上海维方建筑装饰工程有限公司提供）

图 2-2-12　柳浪桥（上海维方建筑装饰工程有限公司提供）

图 2-2-13　金锁桥（上海维方建筑装饰工程有限公司提供）

堪称叶家花园里的"这一个"。

叶湖上七座桥的样式风格略有差异，大都属于西式风格，既与同样风格的叶家花园大门楼、延爽馆等形成呼应关系，又丰富了叶家花园建筑的样式，这些静卧于叶湖上的桥，皆可入画。其中最有特色的是金锁桥（图2-2-13）。其亮点在于西式的桥身上，建有一个中国古典风格的飞檐琉璃彩瓦八角亭，而八面墙体的门窗棂格及内嵌的彩色玻璃均为西式，堪称中西合璧，满足了审美活动的多样性要求。

同样透着中西合璧之独特韵味者，还有伏虎岭上的琉璃阁。如果说延爽馆是以异国情调抓人眼球的话，那么琉璃阁则以融中西方建筑美于一体，而秀出于伏虎岭之茂林修竹间。琉璃阁基座和大阳台都有中国风格的汉白玉护栏相围，建筑主体则用西式大理石花纹面砖贴面，显得颇为大气，而门窗的棂格则是中国传统纹饰风格。那大阳台上建有彩色琉璃瓦屋顶、朱漆檐柱的四方亭阁，让人感觉到古朴典雅之韵味。

另外，那些点缀在叶湖三岛、湖畔以及伏虎岭、卧龙岗上下的建筑，如吟月亭、四恭亭、牡丹亭等高低错落、形制多样、风格各异的园林小品建筑，让叶家花园处处入画，步步生景，给人以审美的愉悦。

探寻体悟叶家花园的艺术特征，不仅有助于充分认识这座海派园林的艺术价值，也有利于为海派园林的继续发展提供借鉴。

却见莲荷——牡丹亭

飞檐似翼青瓦顶
风清云影牡丹亭
绕亭绿缎揉涟漪
掠波鸥鹭来相迎
牡丹不知开何处
却见莲荷亦欢情

三、中西合璧——叶家花园的建筑艺术

（一）多元包容——海派建筑的文化艺术特征

海派，有海纳百川、兼收并蓄之意，也有创新、求变之意。海派文化在近代上海体现在"万国建筑博览会"的形态上，世界各地的建筑风格，在上海几乎样样齐备。

海派是上海特有的一种文化艺术风格，而海派建筑作为海派文化的重要组成部分，融合世界各地的文化、吸收外来先进建筑文化混合而成，形成了它的海纳百川、兼收并蓄的大家风范。

上海近代建筑风格既多样又宽容，既表现时尚又重实际，既讲究符号又有深入的技术底蕴，既有上海作为中国的一个城市的地方文化特色，又有外来文化的直接体现，更有外来经验经过地域化后的结晶。

海派建筑的文化特征呈现出四个特征：中西融合、多样统一、开放包容、创新求变（多样性、包容性、创新性）。

第一，中西融合。在海派建筑中，以石库门为例，特别是早期石库门，平面采用江南传统民间的布局，立面造型往往采用欧式风格，有些石库门入口的门套上做有巴洛克装饰的山花，但黑漆大门上的门环又露出中式的痕迹，建筑很多地方都采用了西方建筑的装饰形式和图案，但住宅内部的空间却是一派典型的中国民居室内场景。在叶家花园中，中

西融合的特点比较明显，园林布局与营造主要是海派园林的特色，但是建筑和亭台楼阁主要采用钢筋混凝土结构，风格既有江南传统式样，也有欧式的风格。（图2-3-1）

第二，多样统一。在上海，外滩建筑群作为上海重要的视觉符号，已远超其建筑本身的价值，更多地体现了这座城市的独特风貌和与众不同的文化气质。外滩的建筑可谓是多样统一，风格既有新古典主义、也有现代主义装饰艺术派风格，还有哥特式风格等，几十幢建筑和谐共生，成为"万国建筑博览群"。在叶家花园中，既有北方宫廷建筑元素的琉璃阁，又有法国文艺复兴风格的延爽馆（图2-3-2），还有江南元素的颜庐，在绿树丛中，湖水的掩映下，多样而统一。

第三，开放包容。海派建筑特色的魅力，就在于其海纳百川、兼收并蓄的大家风范。不管是居住建筑、还是公共建筑，如在衡复历史

图2-3-1　中西融合的海派园林特色（刘仲善摄）

图 2-3-2　法国文艺复兴风格的延爽馆

文化风貌区中，十几种风格的建筑齐聚一堂，显示出开放性和包容性。如今的叶家花园，保留了完整的海派园林，虽然考虑到肺科医院的功能布局，在周边建造了反映新时代的现代建筑，但并没有破坏园林的肌理和特色，这也是开放性的体现。

　　第四，创新求变。海派建筑文化的显著特点，还在于不断追求新思潮、接受新技术，它不断变化发展、成长，充满了生气。如近半个世纪里弄建筑的开创和发展是海派建筑在住宅方面创新的一个实例。1929 年所建的和平饭店（原华懋饭店），1934 年建成的百老汇大厦、国际饭店等，都是有所创新的。再回到叶家花园，由于是夜花园，园中的桥梁上装有灯柱，每座桥的灯柱都很有特色。建筑的造型也很有特色，既满足功能，又追求变化和特色。

　　海派建筑是由中西建筑的文化交流碰撞、演变发展而来的，是城市文化的缩影。通过分析兼收并蓄海派建筑风格，来探究近代上海地域文化内涵，赋予新时代海派文化的深刻内涵，可以为城市的发展注入更多的生机活力。（图 2-3-3）

　　特殊的政治、宗教、经济与文化的发展际遇，西方文化的输入和上海本地以及中国不同地域文化相互之间的并存、冲撞、排斥、认同、适应、移植与转化，使上海糅合了古

图 2-3-3　中西合璧的 11 号楼

今中外的多元文化，成为中国现代城市文化和现代建筑文化的策源地。近代海派建筑作为上海的历史文化遗产，始终站在中国近代建筑浪潮的前端，饱经风霜却依然保持蓬勃生机，承载了深厚的社会人文信息。通过继承和发展海派建筑特色，可以进一步延续城市的文脉，保持城市的个性，挖掘和保护有价值的历史建筑及城市街道区域。

（二）漫步发现——叶家花园的历史建筑阅读

叶家花园内留存的十几幢中西合璧、风格独具、造型典雅的历史建筑虽然历经百年沧桑，但是经过上海市肺科医院的保护和修缮，至今仍散发着迷人的光彩。不由得使人想起法国著名作家杜拉斯在《情人》里的经典语句："你年轻的时候很美丽，身边有许许多多的追求者，不过跟那时相比，我更喜欢现在你历经了沧桑的容颜。"

叶家花园最具特点的地方，兼有南方之秀、北方之雄，同时还具有西方园林的建筑风格，这三者融合在一起，相得益彰。如果

我们把叶子衡建造的叶家花园称为 1.0 版本，那么我们现在阅读的建筑是 3.0 版本，2.0 版本的建筑则是颜福庆先生创办肺科疗养院之后，对医院进行改造和增建的建筑。

叶家花园内保护较好的历史建筑有：延爽馆、琉璃阁（嘉道理爵士茶厅）、颜庐、9 号楼、西入口大门等。如今，延爽馆成为上海市肺科医院院史馆，琉璃阁成为茶亭会议室，颜庐成为 GCP 办公室。至于 11 号楼（嘉道理夫人纪念堂）、12 号楼是何时加层的尚不清楚，原来的空地已成为公共停车场。当时具有的中国固有式建筑风格从大门和勒脚处采用的简化版须弥座装饰可以看出，室内的水磨石地面和栏杆还保留着原样。9 号楼在青翠茂密的竹林后，透露出中式古典建筑常用的大屋顶（图 2-3-4），青砖勾缝，黑色钢窗。11 号楼边上有座高耸的水塔，相传当年的抗日英雄张治中将军曾爬上水塔，瞭望宝山战事，指挥作战。主入口门楼（西门）是一幢具有巴洛克风格的西式建筑，可以想像当时夜花园的门庭若市和时尚气派。次入口门楼（东门）经过改造，已经没有了古朴的气息。

图 2-3-4　9 号楼屋顶局部

1. 延爽馆

延爽馆建于 20 世纪 20 年代,建筑面积 504 平方米,是一栋二层砖混结构、具有法国文艺复兴风格的建筑,白色外墙,儒雅秀丽。

延爽馆建在叶湖中心岛屿之上,又名"小白楼",坐北朝南,是叶家花园的中心主体建筑,平台挑高十段台阶,可眺望全园胜景。两侧设置花圃,以龙柏为主,浓荫遮天蔽日,间或种有红枫、竹丛,别有风情。此建筑择址相当考究:后有靠山能藏风防雨,前有水能万物生长,背山面水,山环水抱,山水交会自然就有了生气。入口处设有较高的台基,宽大敞亮,有步步登高之感。中间设有缓冲的区域,起到了视觉的调和作用,分两次踏上建筑的外廊平台。一楼栏杆的造型上下起伏舒展,如同琴键般,增加了接连流通的韵律感,与柳浪桥的风格呼应。外廊平台的铺地采用红色拼花钢砖,酝酿出一种古典的氛围。建筑一层除主入口有双扇平开玻璃木门外,两侧也设置双扇玻璃门,方便嘉宾出入欣赏花园美景。柱廊采用爱奥尼式,白色的爱奥尼柱奠定了这栋楼的挺拔秀美的主基调,而两侧的双柱增添了稳重大气的视觉观感。整体建筑外观色调简洁,红窗白墙,增添了建筑的活力。

建筑四周近百年的古树林立,庄严的龙柏环绕着四周,仿佛诉说着这栋建筑的百年沧桑。这里是旧时主人用来接待重要宾客的地方,踩着老式的木楼梯上楼,旧木板的吱呀声仿佛把人带回 20 世纪二三十年代的生活场景。

历史的尘烟都化在这幢有记忆的老房子

图 2-3-5　延爽馆局部(周培元摄)

里。绿荫环绕的露台、郁郁葱葱的花园、流水
潺潺的水景，仿佛空气中都有着一股带着法兰
西风情的甜味。到了夜间，淡黄色的灯光给这
里披上了一层金碧辉煌的外衣，分外迷人，灯
影摇曳、流光溢彩中，我们仿佛体验到了时光
逆转：围坐在麻将桌前的贵太太，品尝着热气
升腾的点心；舞台上，身着美艳旗袍的女嘉宾
在歌舞中尽情摇摆，无数公子名媛在这里优雅

共舞……百年历史的别墅中，穿梭着老上海的
璀璨。

延爽馆内部经过设计改造后，目前为上海
市肺科医院院史馆。一层通过史料与实物，集
中展示医院的发展历史，其中包括澄衷肺病疗
养院的历史与 1949 年后医院的发展，教育和
激励年轻一代医务人员继承先辈精神，重振辉
煌；二层为接待室。（图 2-3-5 至图 2-3-7）

图 2-3-6　延爽馆局部（刘仲善摄）

图 2-3-7　延爽馆前一景（上海市肺科医院提供）

2. 琉璃阁

琉璃阁（嘉道理爵士茶厅）建于 20 世纪 30 年代，砖混结构，是中国固有式的传统建筑，位于叶家花园南侧，筑太湖石堆砌于生机勃勃、绿树成荫的伏虎岭之上，上覆黄硫璃，门设铜钉，以白石栏杆相围。建筑顶部均用黄琉璃瓦装饰，故称琉璃阁。建筑风格雅致堂皇，显示出北方宫廷建筑的大气，远远望去，有点像城楼。木雕透窗及装饰又融合了江南园林的精巧，寓玲珑秀丽于雄伟敦厚之中，形成南北融合的特有风格，可见当时造园者之精心。东西两侧均设有石阶，可拾级而上，登高望远。平台之上，有汉白玉栏杆，美观朴素，洁白耀眼，更显建筑的华丽庄严。

二楼的建筑为四坡攒尖式屋顶，敷有琉璃之瓦铺筑屋面，屋脊的老戗上置有仙人、走兽，形态自若；戗角饰有龙头，活灵活现，似欲腾空飞去。这些装饰增添了建筑的美观古朴、自然威严之感，也有消灾避祸、吉祥如意的寓意。

琉璃阁正门和南侧各辟一入口，墙面饰以灰色花岗岩。阳光照射在石纹上，花岗岩的素灰和冷峻的墙砖立面线条相得益彰。南门挑檐铺黄色琉璃瓦，下方配四个木制深红色门当。一侧的斜坡式台阶围有汉白玉护栏，慢慢提步往上，抬头见西墙上嵌有汉白玉浮雕，飞鸟与植物的画面饱满紧凑，造型优美灵动，犹如一幅栩栩如生的精美壁画，不禁让人驻足观赏。

图 2-3-8　琉璃阁（上海市肺科医院提供）

此地原来是叶家花园的游船码头，现为茶亭会议室。当年为嘉道理爵士茶厅，英国富商嘉道理爵士在沪新办实业并在叶家花园举办各类慈善活动，如游园会、慈善舞会、义卖活动等。

这里曾是贵宾们的集会之所。嘉宾们在湖中坐船至此后上岸，登高赏景，扶栏远眺，古木扶疏之间，叶湖尽览，近看，松柏青翠，石楠娇红，藤萝蔓布。池岸有亭，隐于垂柳翠竹之间，若遇荷花盛开，紫藤缠绕，丝丝缕缕的清香沁人心脾，美不胜收。天、水、树、楼随着山石延绵伸展、跌宕起伏，让人心旷神怡、应接不暇。晚风拂面的傍晚，登上宽阔的平台连廊，沐浴在玫瑰色的朝霞之中，品茗聊天，直至深夜才意犹未尽地散场。（图2-3-8、图2-3-9）

图 2-3-9　琉璃阁局部

3. 颜庐

颜庐建于 20 世纪 30 年代，中国固有式建筑风格，位于西大门的北侧，坐北朝南。该建筑为砖混结构，采用江南民居风格的坡屋顶，青砖墙面，雅致的方格玻璃窗显得质朴淡雅。

仔细查看颜庐的老照片，其有气派的中式大坡屋顶，下设夹层，设有平开窗，屋顶矗立着烟囱，现如今大屋顶和烟囱已不复存在。谈到颜庐，我们不得不提创办澄衷医院并任第一任院长的颜福庆，此楼命名为"颜庐"，应该是对颜福庆的纪念，现今留存的颜庐作为肺科医院的 GCP 办公室，继续延续着颜老的志愿。

颜庐依地势而建，置于青松翠柏之中，周边有古树名木环绕，深邃幽静。屋前有假山水池，花坛盆景，藤萝翠竹，点缀其间。通往颜庐的铺地大石阶多达十余级，由鹅卵石围铺而成。

沿阶梯而上，抬头仰望，会被屋顶脊脚装饰所吸引，两端的脊脚处有一对泥塑狮子，造型优美，煞是可爱。民间传说脊兽可以驱逐厉鬼、守护家宅平安，并可冀求丰衣足食、人丁兴旺。主屋脊中间还有两串葡萄的雕塑，寓意"多子多福"。围绕建筑的通道用仿竹陶瓷栏杆围合，环境雅致，给人一种"曲径通幽"的感觉。（图 2-3-10 至图 2-3-12）

图 2-3-10　老照片上的颜庐（上海市肺科医院提供）

图 2-3-11　颜庐（沈红梅摄）

图 2-3-12　颜庐局部（上海维方建筑装饰工程有限公司提供）

4. 9号楼

9号楼建于20世纪30年代，为中国固有式建筑风格，位于伏虎岭的东南侧，房屋整体平面呈矩形，总建筑面积约153平方米，单层砖混结构，此地最早为女二等病房，建筑功能是宿舍、仓库，后改建为医务处。外墙采用青砖饰面，屋顶是仿古典建筑的歇山顶。屋脊微翘，出戗处有装饰。整个建筑因地制宜，古朴典雅。

9号楼的建筑体量不大，但变化不少，特别是钢质门窗造型很独特，主入口采用江南园林常用的圆形门洞造型，组合黑色钢质玻璃门。窗的形状有方形、六角形、圆形等。钢门窗的玻璃分割的形式具有中国古典样式，协调统一。

为了保证建筑的节能环保使用功能，9号楼的窗户全部采用原有窗户的分隔形式，但均换成铝合金断桥仿钢窗。（图2-3-13至图2-3-15）

图2-3-13　9号楼局部（上海市肺科医院提供）

图 2-3-14　9 号楼正面（上海市肺科医院提供）

图 2-3-15　9 号楼侧面（上海市肺科医院提供）

5. 11 号楼、12 号楼与水塔

11 号楼、12 号楼（嘉道理夫人纪念堂），建于 20 世纪 30 年代，中国固有式建筑风格。周边树木高大繁茂，围合而成的小广场面向叶家花园的水景。两栋楼为清水砖墙坡顶建筑，作为叶家花园向南延伸与拓展的区域，修缮采用清水红砖，不仅尊重原有建筑风貌，也与医院的整体色调协调。

11 号楼、12 号楼的平面形状呈 V 形，整幢建筑的造型舒展气派。原建筑中间部分为二层，攒尖式屋顶，黄色琉璃瓦，屋脊有走兽装饰。屋檐下有斗拱，梁枋上有彩绘，好似威武的城楼。主楼的入口为圆形洞门，双扇平开木门为中国传统式样，木格装饰，四个花瓣形木片镶嵌刻花玻璃。两翼展开的建筑为一层，屋顶女儿墙处有筒瓦挑檐。而今的 11 号楼两翼展开的部分已经过加层，都是两层建筑。原有中部攒尖式屋顶、黄色琉璃瓦也已经消失，改成双坡顶。现存的 11 号更像现代建筑，风格不明显，只有勒脚部分的须弥座，还保留了中国固有式建筑风格的特征，室内的水磨石地面也保留着当年建造时的模样。

两栋建筑用轻盈的钢结构连廊连为一体，廊下可以供人通行。（图 2-3-16、图 2-3-17）

12 号楼为一 L 形建筑，入口位于"L"的阴角，改造后入口前移、放大，做成与 11 号楼原有入口一样的圆拱门，既改善入口体验，又与 11 号楼相呼应。12 号楼入口及基座，延续 11 号楼的风格，传承记忆的同时使两栋楼和谐统一。勒脚处为简化版须弥座，与墙面分隔线和立柱的红砖饰面都采用水刷石处理。保

图 2-3-16　11 号楼（上海市肺科医院提供）

图 2-3-17 11 号楼局部

留的钢质窗依然可以使用，现涂刷灰色漆。

　　11号楼、12号楼围合成的一个面向水面的庭院，这两组建筑之间有一处废弃的没有水箱的水塔。2020年，叶家花园修缮时查阅文献，发现淞沪抗战时张治中将军曾登上水塔督战。经过复原，水塔成为可以从南俯瞰叶家花园的观光塔，也是整组建筑群的一个精神堡垒。修缮过程中将原有支架加高，并在顶部复原了一个"水箱"，并设有一圈坡墙条窗，它成为统领整个建筑群的"灯塔"，也是一个小小的观光塔。（图2-3-18）

　　通过对这一廊、一院、一塔的整体化改造及重新建构，将整个区域融合成为一个有机整体，与叶家花园相呼应。

图 2-3-18　水塔（刘仲善摄）

6. 西大门与东大门

西大门门楼始建于20世纪20年代，建筑功能是门卫（图2-3-19）。整体呈矩形，总建筑面积约100平方米，二层砖混结构，采用厚小青砖墙体，南北向两侧紧邻假山，房屋采用铁门、木门、木窗等。建筑为巴洛克风格，门楼总高10米，宽度也在10米左右，气势恢宏，气派大方。建筑左右对称，两侧为门房，中间部分架空，由立柱分隔成三个通道，中间为主大门，两侧为次大门。

建筑最出彩的地方是二层中间墙面和女儿墙部分都采用了极具巴洛克风格的浮雕，显示了当时工匠的高超技艺。

西大门原为叶家花园的主入口。在建筑修缮之前，绿色的藤蔓几乎爬满了建筑，尘封了往昔的辉煌，古老的传奇已锈迹斑斑。风雨磨砺，岁月更始，在百年龙柏的映衬下，门楼显得如此沧桑，再加上绿树成荫、群山呼应，让人有种穿越历史、置身仙境之感。遥想当年，在江湾跑马场结束了活动后的嘉宾们成群结队地来到叶家花园这座夜花园寻欢作乐，欢歌艳舞。

曾经的西大门入口处门庭若市，各类高级轿车不约而同地停在门口，嘉宾们穿着华丽的服饰走下车进入叶家花园大门，园内一条条小道连接着各类桥体，一路被绚丽的灯光装饰，犹如彩带交织。他们一路赏游，沿途小品精致、湖石张扬、草木苍翠，好似一段神奇而又冒险的旅程。更有甚者则由司机直接驱车送至园内的小白楼内聚会。整个夜晚充斥着音乐和歌舞，难怪乎后来叶家花园

图2-3-19 西大门门楼（陈瓒摄）

被附近的邻居以夜晚扰民的理由投诉，导致对外营业戛然而止。

现存的东大门门楼设有圆拱形门洞，可以通行机动车（图2-3-20）。与西大门比起来，东大门稍显逊色。灰色的花岗岩作为大门的装饰，比较特别的地方是拱门的顶端除有半圆形的巴洛克元素浮雕图案外，顶部还建有一个中式四角小亭子，也不知是哪个年代安放的，有点突兀和不协调。

站在门楼前仰望，时光就像岁月中的一条条小道，穿越叶家花园，那些飞扬的尘土、峥嵘的湖石、苍翠的瓦松和从指尖轻轻滑过的阳光，诉说着流年的灿烂。一只喜鹊一纵一跳，落在古老的门楼上，落下一串串清脆的祥和，或飞舞鸣啭于翠柏苍松中寻找静谧。

图2-3-20　东大门门楼（刘仲善摄）

四、多姿古朴——叶家花园的园林绿化

（一）草木蔚然——江南园林的植物与人文内涵

江南园林一般是由建筑、山、水、植物等四大主要造园元素构成的。其中，每个元素都可以单独形成景观，让游人独立欣赏，如山石景观、水体景观、植物景观及建筑景观。也可由两个元素或三个元素经组合而成为山水景观、山林景观以及山水植物景观等，但最终由建筑、山、水、植物等四大造园元素经艺术综合布局而形成一个景点，构成一个景区，组成一座园林，达到最完善、最完美之作。

在江南园林中，不容忽视植物景观，园林无植物就无生气，植物是组成景观的不可缺少的元素。在山水植物景观中，将山水比作红花，则植物就如绿叶，红花虽好，全借绿叶扶持。山水和植物之间相互依附、相互衬托、融为一体的情景，正是中国传统山水画的真谛所在。山水植物形成一个整体，也是营造中国园林诗情画意、情景交融的重要构成部分和形式特征。

1. 植物的品种和类型

植物有不同的品种和类型，有观花植物，也有观叶植物，还有观果植物；有常绿和落叶植物，也有针叶和阔叶植物；既有乔木，也有灌木（乔木有大、中、小之分，灌木有大小之分）。单是竹类的品种就很丰富。此外，还有

图 2-4-1 叶家花园的植物（陈瓒摄）

图 2-4-2　叶家花园的樱花（陈瓒摄）

图 2-4-3　叶家花园的紫荆（刘仲善摄）

藤蔓类、地被类，有草本植物和木本植物，水生植物也分很多品种。

　　众多植物姿态迥异多彩，花姿有端丽、浓郁、娇俏、素净、飘逸、妖艳之分；花期也不同，初春、暮春、仲夏、金秋、寒冬都各有开花的树种，要做到园林内月月开花、季季有景，一年四季有花可观、有色可赏、有香可闻、有果可尝；花相花色更是千姿百态、万紫千红；花香也有淡雅、清香、浓郁、清幽之分。因此，在选择植物的品种类型时，须熟知其基础条件。

　　选择植物时，不仅要关注花，唯花独美，又要关注叶，叶胜于花的树木也不占少数。有的树就是以树干、树枝的姿态及叶的颜色、形态作为主要观赏对象，如松、柏、竹、兰花、铁树、柳、芭蕉、橡皮树、龟背竹、文竹、三角枫、盘槐及各种树桩盆景等，正如清代李渔在《闲情偶寄》中所说："叶胜则可以无花，非无花也，叶即花也；天以花之丰神、色泽，归并于叶而生之者也。"

　　树木的花、叶、枝、干都具有各种不同的姿态、色彩和香味，有的是虬曲苍劲、飘逸潇洒；有的是高大挺拔、粗犷刚劲；有的是亭亭玉立、秀丽纤细；有的是奇特攀缘、缠绵盘绕，可谓婀娜多姿、千姿百态、万紫千红、生机盎然。当植物倒映在水中或在粉墙的衬托和在阳光的照射下，还有光影之美；当植物受风吹雨打时，还有声响之美，这些都能获得无限的诗情和画意。（图2-4-1至图2-4-3）

2. 园林中常见的植物及其人文含义

　　江南园林大多是文人山水园林，为体现当时文人、雅士、士大夫的志趣及理想、情操和气质，园林内的绿化种植和植物的选择也投其所好，如常用松树、竹、银杏、广玉兰、柳树、罗汉松、白皮松、香樟、盘槐、朴树、枫树、五针松、黑松、女贞、黄杨等；桂花、梅花、荷花、菊花、兰花、水仙花、月季花、芭蕉、樱花等；牡丹、杜鹃、蔷薇、芍药、紫薇、茉莉、栀子花、茶梅等；石榴、李树、杏树、桃树、葡萄、枇杷、橘树、花红等；紫藤、

图2-4-4　绿树掩映下的牡丹亭（上海市肺科医院提供）

图2-4-5　叶家花园的腊梅（陈瓒摄）

夹竹桃、常春藤、爬山虎、八角金盘、南天竹、孝顺竹等。这些传统的植物，充满了浓郁茂密的绿意、五彩缤纷的花朵、美丽的姿态、累累的果实、袭人的芳香，洋溢着宁静活泼的生机、自然的野趣和古、奇、拙、雅的画意。又因植物自身散发着静、幽、雅、清、逸、媚等不同气息和审美个性，是营造中国园林"静"和"雅"的重要元素。有时植物景观如有潺潺流水衬托，则犹如"背景音乐"那样，在静中略添动意，更显一分活的情愫。总之，人们走入这样的环境中，能使心境得到很大的滋润和愉悦，精神为之一振，耳目为之一亮，情操为之升华。（图2-4-4至图2-4-6）

　　古时，文人山水画家与大自然朝夕相处，产生了深厚的感情，并从山山水水、古树名木、花卉植物中找到生命的含义和真谛，感悟出深刻的人生哲理。园林中的树木花卉植物都成为文人士大夫雅士们抒发情感、寄托精神、陶冶情操、追求理想的载体，常将某些富有特色的姿态和习性之植物拟人化、拟情化、人性化、情感化。再通过比拟、寓意、象征、比兴等手法，借物咏情，借物喻志，以物喻人。将某些植物的自然特征与人之道德品格联系在一起，比喻人的伦理情操、人格修养，这就是所谓的"比德"。于是这些植物已不仅仅是大自然和天地之间存在的一些自然元素和审美构造的元素，而是一种情感符号，被赋予了生命、人格和精神，具有丰富的人文意象，从而滋养了文化底蕴和艺术感染力。

　　《晋书·张天锡记》有言："玩芝兰则爱德行之臣，睹松竹则思贞操之贤，临清流则贵廉洁之行，览蔓草则贱贪秽之吏。"清张潮在《幽梦影》中又进一步对一些花的品格作了概括和提升："梅令人高，兰令人幽，菊令人野，莲令人淡，春海棠令人艳，牡丹令人豪，蕉与竹令人韵，秋海棠令人媚，松令人逸，桐令人清，柳令人感。"

（二）相映成趣——叶家花园的植物搭配与分析

　　我们现今所见叶家花园中的植物，除留存百年的大龙柏、广玉兰、香樟、朴树等大

图 2-4-6　叶家花园的荷花和莲花（陈瓒摄）

乔木和部分灌木有可能是当年种植的树木外，有很多植物是历次改建中增加的新品种。不知道叶家花园中为何种植那么多大龙柏，也不知晓为何牡丹亭边没有种植牡丹。中国第一代建筑师、园林专家童寯在《东南园墅》中写道："混合种植，应以落叶乔木为主，并辅以常绿之嘉树或秀竹，再为攀缘植物或禾本植物所环绕。粗壮树干，苍劲枝杈，须避柔枝弱叶。大簇落叶之木可与常绿青树相配，以表稀疏与浓密之对比，浅色与深色之反差，并与季节共变，避免单调与重复。春季之玉兰与牡丹，夏季之紫薇与荷莲，秋季之菊花与枫树，腊梅、南天竹与茶花则盛放于冬季。一座园林庭院中，可观一年四季，各类花卉，交替盛放，诚为理想之境。"

1. 植物的人文内涵

　　叶家花园虽是海派园林的代表，在植物的品种类型选择上与江南园林的做法相似。植物品种不多，以常绿大乔木为主，比如罗汉松、大龙柏、香樟、广玉兰等，种植上也侧重于植物的人文内涵。

　　种植涉及许多因素，须针对其所在位置、环境的需求而确定。如有的适宜种植在山坡、溪谷或水边、池畔；有的适宜种植在庭院内或建筑的屋角、墙壁处，或道旁路边；有的适宜种在花架、藤架、绿廊或草坪上；有的适宜做绿篱爬墙攀缘；有的适宜种在园林的入口处或主要建筑的门口两侧，或亭轩、榭、廊等小品建筑旁；有的适宜种在假山上，或点缀在堆石小景和点石小品之间。（图2-4-7）

　　除此以外，还必须考虑如下因素：要为创造整个园林的诗情画意和情景交融的意境服务；要为营造不同景点、景区的特定氛围和艺术效果服务；要为园林的布局结构和空间组织的意图、构图技巧和形式美法则等需要服务；要为植物的孤植、对植、群植的特殊需求服务，以展示植物自身之美或群体之美及被烘托的建筑和环境之美。

2. 植物种植之配置形式

　　（1）孤植：孤植是指一棵树植在一个特

图 2-4-7　叶家花园的茶花（陈璜摄）

定的空间中展示自己优美的姿态和风采，有时以一个树种成林、成阵和成丛的形态出现，以体现植物群体美的审美特征。孤植均出现于重要地点、开敞之处或视线较为集中之地，亦有种在园内幽静之角，让人惊喜发现而感叹不绝。如在叶家花园种植的罗汉松、大龙柏、侧柏等，常常孤枝独秀地屹立在要道中间，独领风骚地赢得人们的视线。在树木根处围以山石，以取得整体平衡并具有虚实对比、

柔中有刚的和谐感。如：在牡丹亭的对岸种植有一棵刺槐，与周边的灌木比起来，更显其高大挺拔、直冲云霄，构成了一幅幽静的小品，很是匠心独运、出人意外；在 11 号楼、12 号楼的周边种植的几棵大香樟，婀娜多姿、飘逸秀美，树与石错落，高低相配，刚柔相济，虚实相生，绿树在红色砖墙的衬托下富有层次感，十分优雅娴静；在叶湖边横卧着一棵错根盘结、苍劲古拙的马尾松，与周边的松

图 2-4-8　叶家花园的春花秋叶

树相映成趣。（图2-4-8）

（2）对植：一般在园林门口的两侧，在主要建筑物或桥头两侧，都对称种植品种和形态相同的植物，以突出位置、引起注目并增加建筑的装饰性和品位。这有点类似两只狮子左右对称地布置在园林门口或主要建筑门前两侧的手法。如：延爽馆正前方台阶两侧各植三棵大龙柏，古朴苍劲，高耸云天，好似列队的士兵在迎接贵宾的光临（图2-4-9）；四恭桥前植有两棵浓荫如盖的参天大龙柏（图2-4-10），因位置左右对称，外貌特征又近似，也可称为对植。对植可谓是同中有异、异中有同，统一中有变化，变化中有统一，可使空间及其景观显得深幽，引起人的无限遐想和思古幽情之感。另外，在叶湖边的主路两侧还发现两株胡颓子，树冠低垂，好似在倾听湖水的声音，又仿佛互相呼应，情趣盎然。

（3）群植：群植是指在一块绿地上、一个空间里的植物非单个树种存在，而是由多个品种如大小乔木、高低灌木、草本植物、攀缘植物、地被植物等组合而成，这些植物不仅各自显示独特个性的姿态和芳容，而且和谐地构成整体布局之美，使空间灵动而富有生气，并与山、水、建筑一起形成富有诗情画意的意境。如延爽馆的东边春景迷人，是一处赏景佳地，成片的樱花争相开放，微微的春风吹过，阵阵樱花雨飘落，空气中沁人心脾的香味，带来春日里的浪漫。

在延爽馆不远处有个石笋群，树木与石笋浑然一体，是一处充满人文景观的群植佳作，在大龙柏、香樟的绿荫下，桂花、黄杨、胡颓子、罗汉松高低错落，与石笋虚实相间、疏密有致，形成一种疏朗、纤淡、秀丽之美。在四恭亭边上，林木的种植刻意追求韵律和节奏之美，如乔木、灌木种植高低之搭配依次是龙柏（高）、五针松（高）、茶花（低）、白玉兰（高）、南天竹（低）、小叶女贞（高、斜干虬枝）、黄杨（低）、紫藤（低）、黄杨（高），形成一条典型的高低错落相间、刚柔虚实有致、疏密协调的林木与堆石小景融为一体的

图2-4-9 延爽馆前的龙柏

图 2-4-10　四恭桥前的植物配置

景观走廊（图 2-4-11）。伏虎岭上的植物，既有成片的毛竹林作为与肺科医院现代建筑的屏障，山坡上又有成片种植的腊梅，行走在曲折蜿蜒的小径上，微风吹过，腊梅的暗香令人心旷神怡。再往前走一段，成群的鸡爪槭造型优美、婀娜多姿，好似妩媚的女子，而周边的龙柏、银杏、马尾松等，又显得苍劲挺拔、高耸入云，两者形成强烈的对比。

　　植物是园林风貌的重要载体，有时甚至直接反映园林整体意境。在叶家花园修缮过程中，一方面注重对原有保留植物的养护；另一方面在给建筑周边增补植物时，也充分尊重原有造园理念，选用园林常用的植物品种，尽量保持相同的植物造景方式，以延续历史原貌和江南园林文化。

（三）百年交柯——叶家花园的古树与名木保护

　　众多高大乔木，百年古树名木，如龙柏、广玉兰、香樟及千姿百态缠绕盘错的古藤凌霄，使叶家花园郁郁葱葱、满园春色，使人的心气和心情神朗气爽、舒展开润，这是老园景色迷人的重要基因之一。（图 2-4-12、图 2-4-13）

　　在中国园林中，古树名木的拥有量决定了该园林的价值和品位，古树名木能形成园林内主要的景观面。叶家花园内近百年的古木名树有几十棵。凡园内各主体建筑必有高大乔木相伴相依，在参天大树茂密浓荫的覆盖或掩映下，建筑呈现一种半露半藏、半明半暗、半遮半散、虚虚实实、疏疏密密的视觉感受，使建筑免受一览无余之白，备添建筑景观的含蓄感和神秘感，富有魅力。

图 2-4-11　棚架与绿廊（上海市肺科医院提供）

图 2-4-12　叶湖边的植物（刘仲善摄）

图 2-4-13　抗战亭旁的香樟树（沈红梅摄）

圣洁漫舞——雪景

雪花飘零

到枝头

到湖石

到亭榭

风也匆匆赶来

绕过山冈

想要拾起一朵晶莹的六出冰花

恰与雪霁后露脸的阳光不期而遇

喜滋滋的阳光

毫不吝啬地撒向叶园

雪花却依恋着叶园，不愿离去

叶园说

我爱普照人间的阳光

也爱圣洁漫舞的瑞雪

五、通达观瞻——叶家花园的亭桥廊架

（一）东西交汇——海派园林的亭台楼阁

中国传统园林，向来以亭、台、楼、榭、阁、轩等建筑点缀景观，尤以亭最为出彩，古有"江山无限景，都聚一亭中"的诗语，当代美学家宗白华在其《美学散步》一书中认为亭是"山川灵气动荡吐纳的交点和山川精神聚积的处所"。海派园林中的亭，传承中国古代建筑最具民族特征的屋顶，造型挺拔，如翚斯飞，形象丰富多姿，气势生动空灵。材料上形式多变，细节装饰设计上有所创新，形成了独特的海派园林建筑文化。

计成的《园冶》中有一段关于亭的精彩描写："花间隐榭，水际安亭，斯园林而得致者也。惟榭只隐花间，亭胡拘水际，通泉竹里，按景山颠，或翠筠茂密之阿；苍松蟠郁之麓；或借濠濮之上，入想观鱼；倘支沧浪之中，非歌濯足。亭安有式，基立无凭。"可见在园中，山顶、水涯、湖心、松荫、竹丛、花间都可设亭。园亭体积小巧，造型别致，布局位置选择极其灵活，可独立设置，更可结合山石、水体、树木等，得其天然之趣，造其优美之意境。

亭的造型有三角、四角、五角、梅花、六角、横圭、八角或十字等。亭的结构较为简单，分为台基、屋身、屋顶三部分，柱间通透，有的则在柱身下设半墙。从平面形态来看，亭虽形式各不相同，但均以因地制宜为原则，其在

园中更像是自然的艺术。亭的造型和装饰繁简皆宜，既可以精雕细琢，也可以不加修饰。亭的屋面一般为攒尖顶，有宜于表达收聚交汇意境的角攒，兼有灵活轻巧之感的圆攒、峻拔陡峭的歇山、风格平缓的卷棚等。（图2-5-1）

桥，是一种建筑，也是一种文化，中国古典园林中的桥是风景桥。园桥作为悬空的道路，兼有交通和观赏组景的双重功能。这种凌空建筑造型优美、位置恰当，其本身就是园林一景，不但可以点缀水景、分隔水面、增加水景的层次，使水景效果更加丰富多彩，且能与水面、桥头植物一起构成完整的水景形象，如西湖断桥、扬州五亭桥、北京颐和园的十七孔桥等都成为园林的水面主景。

江南园林中桥的造型变化非常丰富，有平桥、曲桥、拱桥、亭桥、廊桥等。若按材质来划分，园桥又有石桥、木桥、竹桥和藤桥等。园桥由横跨水上的梁或拱和承担其荷载的桥台基础两部分组成。其位置和造型应该与周围景观相协调。水面架桥，宜轻盈质；平桥贴水，人随行影，有凌波信步亲切之感，水体辽阔，有水面倒影，风景如画（图2-5-2）；地形平坦处，桥宜起伏，以增加景观的动感。桥的设计还要考虑行人和船舶的通行等要求。

（二）园林巧思——叶家花园的亭桥解读

《易经》有曰："无往不复，天地际也。"虚实相生是中国人空间意识的典型特征。叶家花园内的景观主要是运用了楼、亭、榭、桥、廊架等建筑形式与山、水、花、木等构景、筑景、造景相结合，构成了一组"园中有园，景中有景"的美妙意境。其中的亭、桥、榭等建筑继承了传统的表现形式，并根据景观地势、园子的功能以及园主的喜好有所变化和创新，使得其与

图 2-5-1　牡丹亭之攒尖顶（上海市肺科医院提供）

图 2-5-2 柳浪桥

同类建筑的风格相比，既保持了自身特点变化，又不千篇一律。当时盛极一时的叶家花园继承了江南园林的精华，并兼收并蓄西方园林的特色，符合现代人的游玩居住需求。叶家花园内中西合璧的建筑，优美流畅的弦线景观，各式园林小品、廊架、景观亭、亲水平台、绿化种植等，都糅进了海派文化的精髓。（图2-5-3）

叶湖的桥风格相似，细节之处却各有千秋；叶湖的亭，中西合璧而意蕴深厚。尤其是把桥与亭融合起来品阅，如诗如画，得山水之趣，

图 2-5-3 牡丹亭夜景（陈瓒摄）

启文史之思。叶家花园中的桥梁除匹练桥隐匿于瀑布流水之下，其他桥体均依山傍水、回环曲折，交错于纵横轴线，而自然流畅、犹若流水。（图2-5-4）

叶家花园内的亭主要有方攒尖、六角攒尖、圆角攒尖等形式，通过不同的形象体现以圆法天、以方像地、纳宇宙于芥粒的哲理，展现亭的独特意蕴。

园内有四角亭、六角亭、八角亭及圆亭共七座。金锁亭、牡丹亭、吟月亭及抗战亭均匀分布在花园的东北角，回波亭和四恭亭则坐落在小罗浮岛。几座亭的设置高低错落有致，可作仰观亦可俯察，为一种空间上的交点和景物交融的纽带，与山水花木巧妙结合，营造出梦想中的夜花园镜像，无论是在林丛中、峰巅上、山深处或水塘畔，都会闪现亭的影子，如园内雄立于山巅的抗战亭、架于水际的金锁亭、矗立于水畔的牡丹亭或隐于密林中的四恭亭等。亭的分布多在葫芦形底部，也是水体较多、水面宽广之处，根据不同区域、地势、环境、功能构建出形式、尺度不同的亭，既是观景的对象，也是游人乐山乐水、小憩赏景的绝佳去处。在亭内小憩，周遭美景尽收眼底，令人心情愉悦，一扫疲劳。"停车坐爱枫林晚，霜叶红于二月花。"唐人杜牧在长沙岳麓山爱晚亭驻足，见到了绚缦的秋景有感而发，才从心底流淌出这千古名句。

兹以叶家花园西北门（原大门入口）为起点，一一数说那些亭与桥以及无限的景。

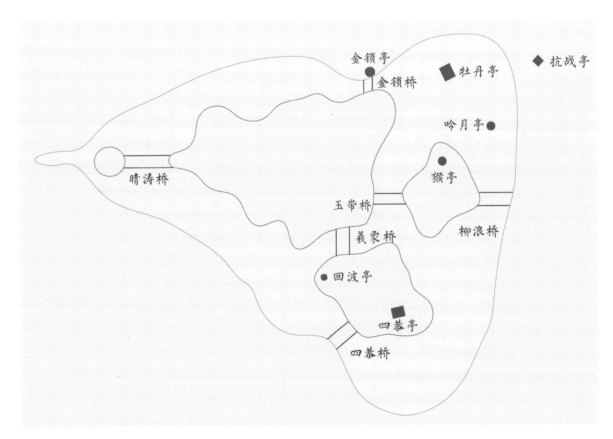

图2-5-4　本次修缮的亭、桥示意图（沈红梅绘制）

1. 金锁桥亭

延爽馆之北，有一座扁平的小拱桥——金锁桥，桥栏透空，如果把叶湖比作一位窈窕淑女，那么金锁桥就是束在淑女腰间的镶有蓝宝石的五彩腰带。金锁桥是钢筋混凝土梁式桥，南北走向，桥中部有一座单层正八边形砖混结构房屋——金锁亭，可供游人遮阳避雨。亭为八角攒尖顶，混凝土框架结构，占地约14平方米，总高约6.2米。亭子竖向采用小青砖墙体承重，琉璃瓦屋面，水泥地坪。（图2-5-5）

游者走在桥上或坐在金锁亭内可细察涟漪。亭顶为歇山卷棚，戗角精工有致，出飞深远，轻盈舒展。彩色玻璃嵌于窗户，亭子顶部也采用绿色琉璃瓦，十分气派。顶上面伫立着一只铜铸的花公鸡，"鸡"与"吉"谐音，寓意为吉祥如意。亭内留有座位供人歇息，静观山光水色。（图2-5-6）

亭内不但有檐墙，还有门窗，南侧入口辟门，八面通透。玻璃门窗均为木制结构。窗分为上下两组，上面的椭圆形玻璃通透明亮，四周黄色围边极具装饰效果，并与金锁桥栏杆图案相呼应，而下端设计成可开关的方格栏栅窗，图案与亭桥的铺地图案交相呼应。

亭内顶部天花（《园冶》中称为"仰尘"）使用木结构支撑，由长短不一的长方体木条围绕而成的八卦图型，亦与铺地图案呼应。（图2-5-7）

从名字来看，"金锁"两字意为财富，寄寓园主美好的祝福与祈望。远望桥下，波光粼粼，仰观桥上，金碧辉煌，风摇水动，景实影虚，优美至极。

图2-5-5　金锁桥亭（刘仲善摄）

图 2-5-6　金锁桥全景（上海市肺科医院提供）

图 2-5-7　金锁桥亭局部（上海市肺科医院提供）

2. 牡丹亭

榭因多建在水面或临水，所以有"水榭"的说法。出金锁桥往北，有一蜿蜒小径铺设在临水湖池边，穿过山石小洞东行，武陵源临水平台处即有一座四角水榭——牡丹亭。牡丹亭为钢筋混凝土结构，占地面积约 33 平方米，总高约 6.53 米，小青瓦屋面。柱间设有美人靠，适宜坐赏水景。攒尖顶（又称"飞檐"）尤为飘逸，屋脊间坡面略呈弧形，既利于屋面排水，又有轻盈欲飞的美感。整体建筑疏朗平和，与园林平静的湖水非常和谐。（图 2-5-8）

牡丹亭凌驾于武陵源北侧湖池，依山就势，周围树木茂盛。亭榭三面临水，西侧倚似驼峰的山石小洞延伸至上山蹬道，另一条小径顺应

湖堤，蜿蜒远方。亭角嫩戗淡秀雅致，脊尖上翘，做一凤头，亭帽上伫立着一只栩栩如生的孔雀，有清旷绝尘之趣。孔雀作为禽类之首、百鸟之王，是一种吉祥鸟，有吉祥如意、白头偕老和前程似锦三种寓意，可以给人们带来好运。垂脊上的"祥云"来源于我国古代商周时期的云纹，为祥瑞之云气。在祥云围绕中五个宝瓶依次排列，象征天地之气，可吸收煞气，趋吉避凶，寓意吉祥富贵。

牡丹亭设水泥檐柱，四面虚空，内檐涂饰翡翠绿，与周边假山曲沼自然相衬，浑然一体。卍字纹挂落四端纵横伸延，互为衔接，寓意富贵安康、祛灾避祸。向外出挑的美人靠，似欲探向林木交杂的自然。游人坐于亭中，可北观延绵之湖石假山、西赏金锁亭桥、东品流水瀑布、南眺猴岛风光。顺着水流声转身，只见瀑

图 2-5-8　牡丹亭（上海市肺科医院提供）

布垂流直下，绵延汇聚武陵源，亦可观湖池中的假山小岛芦苇荡、曲水荷香喷泉柱。湖中倒影虚无缥缈，变幻莫测，宛如一幅"人烟不到丽晴虚"的仙境。

申城中，暮光中，一朝游园，惊梦春回，六百载意蕴不变！一台心醉神迷《牡丹亭》，执着吟唱"不到园林，怎知春色如许"。"雨丝风片，烟波画船。"伫立在牡丹亭旁，看看池鱼花丛，听听莺啼燕语，仿佛杜丽娘从园林深处的小径走来，一梦惊情百年，雨丝风片，与曲韵之声相和，一出穿越时空的生死之恋，正弘贯苍茫人世，迤逦而来……想来这就是牡丹亭取名于此的原因吧。(图2-5-9至图2-5-11)

图 2-5-9　牡丹亭秋景（周培元摄）

图 2-5-10　牡丹亭凤头亭帽（周培元摄）

图 2-5-11　牡丹亭局部

3. 吟月亭

沿着湖池蜿蜒向东，水岸的羊肠小道转角之处有一轻灵通透之圆亭，此亭即为吟月亭。吟月亭为混凝土框架结构，占地面积约 10 平方米，总高约 3.68 米，亭盖仿古典园林风格，有由大至小环绕至顶形成的台阶式纹路，官帽尖顶如黄色佛塔，装饰华丽鲜艳，配上古老的墨绿与深沉的枣红，并附着片片苔藓显出古老和沧桑感。（图 2-5-12）

亭内四根圆柱由铁栏杆围合，四只古老的石凳仿佛向人诉说着历史的变迁。倚柱而坐，醉之山水，入亭观景，心净神清。可观湖池荷花水中倒影，可听猴岛鸟鸣虫吟……吟月亭的存在，破掉了原有风景的平淡，而增添了几分游赏之妙趣。秋高气爽，空气中弥漫着桂花的芳香，淡黄的花，星星点点，令人赏心悦目。闻着桂花的馥郁清香，凝眸夜空中的一轮皓月，就着如水的月光，微风拂过，树影婆娑，真有一种"桂子月中落，天香云外飘"的诗意感受。亭岸边置一镇宅旺风水的黄蜡石，上刻"吟月"二字，恬静如水。

亭内灰白色石凳侧身雕有四季之花，椭圆立柱与简洁的栏杆很具现代感，深红色的栏杆和铺地水磨石色相呼应，阳光下形成斑驳陆离的影子，绿树掩映，流水潺潺，清风拂面，蜂歌蝶舞，犹如走进仙境一般。亭边斜依着一棵风水香樟，沐风雨，迎雷电，不与杨柳争风流，不和松柏比高低，朴实无华，淡看云起云落。

4. 抗战亭

出吟月亭，自东北沿蹬道可登至山顶平台，这里山体浑厚，山顶高台之上保存着一处历史遗存——抗战亭。

图 2-5-12　吟月亭（沈红梅摄）

抗战亭采用钢筋混凝土结构，占地面积约 13 平方米，总高约 3.6 米。亭的整体平面呈矩形，为框架式，仿江南园林的亭子样式，亭顶呈葫芦状，四角攒尖式屋顶上铺有红色陶土鱼鳞瓦。十二根圆立柱高耸挺拔，显得庄严而肃穆。（图 2-5-13）

抗战亭静静地伫立于卧龙岗东北角的山峰之巅，在最近的一次修复中，亭子左侧增加了一块瓷碑，碑上镌刻张治中将军带领将士英勇抗击日寇的事迹，碑文记载：

"1937 年日军挑起八一三事变，大举进

图 2-5-13　抗战亭（陈瓒摄）

攻上海。时任警卫司令的张治中，被任命为第九集团军司令，率部参加中日淞沪会战。他亲临叶家花园，登上山丘之巅的方亭指挥对日作战。在张治中指挥下，中国军队同装备条件优于自己的日军一直鏖战到10月下旬方才撤离。"（图2-5-14）

八十多年前鏖战三个多月的淞沪会战，战争极其惨烈，张治中等英烈抵御外侮、捍卫民族独立的伟大壮举和爱国情怀极大地振奋了中国的民心士气，他们的英勇事迹，为广大群众所称颂。战火的硝烟早已散去，但抗战亭依然向世人讲述着中国将士们英勇抗战的悲壮历史。

登上抗战亭，可广瞻而极目，周围群山环拱，如列屏障，四面凌空，亭中长风四达，伏暑时萧爽如秋。向南遥望武陵源亭台楼榭，可见隐蔽于翠竹林中的猴亭奇峰，向西可赏绵延细长的丛林小道，可谓"八极可围于寸眸，万物可齐于一朝"。

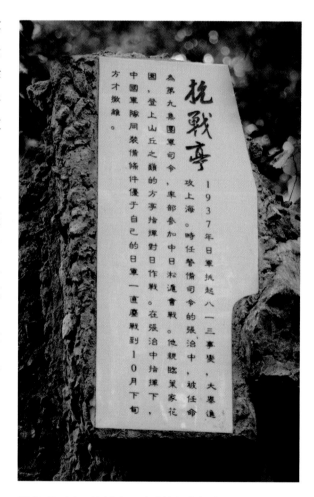

图 2-5-14　抗战亭石碑（沈红梅摄）

5. 回波亭

自栖云洞而出，往北再东折，山脚下拐角处可见一六角亭——回波亭。回波亭为混凝土框架结构，单檐宝顶，采用水磨石地坪，圆柱承重，占地面积约 10 平方米，总高约 3.95 米。亭盖铺有青色平瓦，亭身四面虚空，六根光滑粗壮的欧式圆柱围绕其中，柱顶外围饰有花纹，与延爽馆的爱奥尼柱风格相仿。柱子间有菱形花纹的铁艺围栏相连，形似四恭桥米字栏杆，木制扶手漆成褐红色，与四恭亭的挂落相仿。（图 2-5-15）

两株四季常绿、花开芳香素雅的栀子树植于驳岸边。每到初夏花开时节，洁白的栀子花便随风摇曳。那缕缕幽香在空气中酝酿，又飘散至四周湖池之上。近闻沁人心脾的芳香，远眺连成一片竞相绽放的荷花，即使在艳阳似火的日子，也会顿觉明净与清凉。

回波亭侧置一石，上刻"回波"二字。《韩朋赋》曰："浩浩白水，回波如流。"叶湖的水如回旋水波，日无止影。时而层层波浪随风而起，伴着跳跃的阳光追逐嬉戏；时而宛如明镜，清晰地映出蓝天白云、红花绿树；时而微风习习，波纹道道，像一匹迎风飘舞的绸缎……想来这就是回波亭的来意吧！

亭中绘有中国传统八卦图案，象征阴阳调和、盛世太平景象。最精致的部分要数牛腿上的雕刻了。连绵波动、繁复圆润的卷草纹图案，常见于佛教石窟装饰。经过设计的花草图案形似 S 状曲线排列，曲卷圆润，舒展流畅，富有动感。这种虚实相生、婉转自如的云气装饰最能体现生机勃勃、吉祥如意

图 2-5-15　回波亭

图 2-5-16　回波亭卷草牛腿
（上海维方建筑装饰工程有限公司提供）

的内在精神。（图 2-5-16）

　　回波亭内设四个石凳，大凡来此的游客，都要在此小憩一会儿，走了一拨，又来一拨，可谓络绎不绝。站在回波亭边往北眺望，白色的主建筑延爽馆若隐若现、婉约雅致，石矶驳岸堆叠成凹弧形，从水中露出几个台阶通往地面，猜想当年此处应用作游船的驳岸停靠之用。放眼望去，湖上烟波浩渺，游船在荷花丛中、在玉带桥下穿梭，蜿蜒绵长的堤岸上绿柳及地，湖面与蓝天相连，水天相接，令人荡气舒怀。视线转向南边，空旷的湖面上架起的四恭桥，如锦带点缀着翠玉般的叶湖，生动而传情，林木不断地增高和四季色彩的变化丰富了叶湖的层次和优美的形态空间。

6. 四恭亭

　　伏虎岭向北可通往小罗浮岛，东边角处建有一座四恭亭。此亭占地面积约 27 平方米，总高约 5.65 米。亭子整体平面呈矩形，为钢筋混凝土结构，采用水泥地坪、琉璃瓦屋面。亭高大宽阔，造型舒展而稳重，四角单檐攒尖，气势雄浑。四恭亭建在小罗浮岛上，藏匿于林间羊肠小道，檐下横梁镶嵌花卉人物故事雕刻

栏板，图纹精美。亭柱间施水磨石长坐，柱身下设矮墙，上施透空的卍字纹样挂落，亭顶角脊塑出祥云样式的卷草，亭内水磨石铺地，中间绘有八卦图案。亭周林木苍翠，在繁花茂树之间，若隐若现，若藏若露，充满了幽静典雅的自然情趣。亭子设有两处出入口，一处对着山洞，另一处可眺叶湖。

　　中华慈幼协会曾于 1934 年 2 月 6 日晚，在上海百乐门大饭店舞厅举办舞会之古今中装表演，引发轰动。同月 18 日，中华慈幼协会假江湾叶家花园再度举行古今中装表演彩色电影拍摄，拍摄地点即选在叶家花园小罗浮岛上的飞檐翘角四恭亭之处，以期将中华服饰文化之历史嬗变传播遍及世界。（图 2-5-17）

　　走进四恭亭，四周凉风香花袭人，湖水清流环回，沁人心脾，正如清代画家戴熙所言：

图 2-5-17　1934 年 2 月 20 日《时事新报》报道古今中装表演在叶家花园拍摄彩色电影的消息

图 2-5-18　四恭亭（周培元摄）

"群山郁苍，群木荟蔚，空亭翼然，吐纳云气。"顶上红色的卍字纹样挂落悬在四根朱柱之间，"万绿从中一点红"，庄重典雅而不失艺术美感。驻足停留，感受艺术魅力隽永如斯，不经意间激起游园的兴奋之情。绿色的琉璃筒瓦展现北方园林建筑的大气辉煌，檐翘脚则采用了江南园林建筑的嫩戗。垂脊上雕有洞穴，藏有白兔。《淮南子·说林》中曰："鸟飞反乡，兔走归窟。"含蓄表达了长期旅居的园主对祖国的眷恋之情。蓝黄相间凤头脊饰出挑，宝顶四龙戏珠之上饰以脚踩祥云的仙鹤。蓝天白云，池水荡漾，白鹤伫立宝顶俯瞰一派生机盎然的景象。（图 2-5-18、图 2-5-19）

　　仙鹤寓意长寿，四龙代表四方，有大富大贵之意。周边片片苍松形成对景，意为松鹤延年。取名"四恭"，想来是以感恩之心恭敬父母、以慈悲之心恭敬长辈老人、以敬仰之心恭敬贤者、以无私之心恭敬朋友，此为四恭！此处既是景物交融的纽带，也是灵气吐纳、精神凝聚的交点。

图 2-5-19　四恭亭宝顶的仙鹤

7. 集霭渚

北入口的集霭渚有一座青苔斑驳的小石桥，好似漫不经心地放在那里，没有一丝雕琢痕迹，桥墩上陈年的青苔给古朴、典雅的石桥平添了少许沧桑。栏杆成镂空的弧形圆，柱子两侧饰有祥云和荷花图案，砌筑精致。（图2-5-20）

不远处的池角之上还有一座极小、极隐蔽的桥，上拱如弯弓，四周湖石围叠，如危崖陡岩，葛藤垂挂，充满自然野趣。（图2-5-21）

图2-5-20 集霭渚（沈红梅摄）

图2-5-21 集霭渚小桥（沈红梅摄）

8. 紫藤廊架

沿西北入口（原入口）正门往里走，有一条Y形的通道，通道两侧都可见紫藤廊架，由钢筋水泥柱连接而成。（图2-5-22）

每到春天紫藤花开时走进长廊，满目清翠，景色怡人。伴着声声鸟语，徜徉其间，阵阵沁人心脾的芬芳袭来，令人如痴如醉，如梦如醒。

叶湖内紫藤廊架设有两处，另一处则位于柳浪桥往西的主道上。唐代诗人李白的《紫藤树》诗赞云："紫藤挂云木，花蔓宜阳春。密叶隐歌鸟，香风流美人。"漫步在长廊里看着那紫藤花儿开得空灵而热烈，浅绿的叶，粉紫的花，一串串密密地挂满了整个长廊花架，远远望去，瀑布般倾泻而下。阳光透过花的缝隙照在地面，斑驳陆离。

静听时光，笑看流年。不知不觉间已过紫藤廊架，迎面看见一座晴涛桥通往主岛延爽馆。

图2-5-22 紫藤廊架

9. 晴涛桥

行走在晴涛桥上有如临波之感，桥上的宝瓶栏杆，造型精美，稳重大气，安谧如水。抬头仰望天空只见晴空万里，依栏俯瞰可见湖水碧涛荡漾，恐怕桥名即源自此吧。晴涛桥面积约 60 平方米，钢筋混凝土梁式桥，东西走向。桥面左右宝瓶栏杆上各有一对顶部呈十字状的灯柱。扶手、栏杆、灯柱均为水刷石饰面，桥面为水泥砂浆铺筑。（图2-5-23）

春日迎春之朝气，夏日凭栏赏莲之闲适，秋日红枫之妩媚，冬日古柏之沧桑，这四时的美景环抱着一泓碧水，你在碧水的一端，春夏秋冬全都映入你的眼帘。三五步便可跨过桥面，但坐享如此美景，怎不怡然自得！无怪乎游人步上桥面，就再也不肯移步。正所谓"朝而往，暮而归，四时之景不同，而乐亦无穷也"。

当年的叶家花园，当夕阳带走最后一抹余晖时，园内便开始人潮涌动，月色，灯光，湖面漂浮的花灯，亭桥间高挂的灯笼，真是流光溢彩、火树银花。（图2-5-24）。

图2-5-23　晴涛桥

图2-5-24　晴涛桥夜景（陈瓒摄）

10. 匹练桥

过牡丹亭，沿着卧龙岗南行十几米有一座平桥名匹练，邻近水面，平铺无栏，弹格道置于之上，桥体与山石相融，如不从侧面或是低处观察，很难发现（图2-5-25）。桥下有两个涵洞，银河倒泻瀑布水流通过此处流向下游池岸，低矮的池岸由湖石砌成，水中有叠石处理成的各种形状的奇石猛兽，穿梭于水草之间，加以水湾、水涧宛转延伸，使湖池之水有源头不尽之感。桥体两侧分别有高低不一的碎石堆叠，通往湖边的小径列置小石峰、石笋，间以灌木、藤蔓等树枝，构成小景。

图2-5-25　匹练桥（刘仲善摄）

11. 柳浪桥

过吟月亭，南行西转，临水处即见柳浪桥。柳浪桥面积约55平方米，为钢筋混凝土梁式结构，东西走向。桥体两旁为打磨光滑的水泥栏杆护体，如同柳枝随风摆动起伏之状，左右各有一对灯柱。桥面以四方防滑砖铺地，既有坚实的直线美，又有明快的动感美。（图2-5-26）

柳浪桥的地理位置颇佳，可谓风光旖旎惹人醉，四时美景各不同，尤以春天清晨赏景最佳。每至春晨，绿柳拂岸，青荷余里，故有"春晓荷边仙子醒，雪残桥畔柳浪逢"来形容西湖十景之一的柳浪闻莺，想此桥名亦由此而来吧。

阳光透过周围的香樟树，流向低矮通透的五孔桥栏，形成暗明交替和虚实变化，整座桥给人以一种典雅、优美的感觉。偶见一只小白猫沿着桥栏穿行，犹如浪里的一朵白花飞溅出来。湖池边、碎石岸那绿油油的丝草在水波中荡漾，与水中的柳影相互辉映。

缓缓地走过柳浪桥，桥的一端连接着紫藤廊架，条蔓纤结，与树连理，犹若蛟龙出

图2-5-26　柳浪桥（上海维方建筑装饰工程有限公司提供）

图 2-5-27　连接柳浪桥的紫藤廊架

没于波涛间（图 2-5-27）。春末夏初，宛若凤蝶鸟喙的花朵密密匝匝，纷纷披挂而下，甚为壮观。每当夜幕降临，高耸的椭圆桥柱上的灯光亮起，月影横斜，树影散乱，漫步其中，看着星星点点的灯光，静享园林的另一种风情，有一种含蓄潇洒的"隐"，还有一种静谧飘逸的"禅"。

12. 猴亭

一条紫藤廊架将瞭望台与猴岛一分为二，一条小鹅卵石道通往猴亭。猴亭两侧各立一块湖石，低矮竹树植围护，青藤爬满石壁。东侧的一片竹林也颇有韵致，微风袭来，如箫的竹叶声，悠远而神秘，把人的思绪一下子又拉回到百年之前。观赏猴亭可在牡丹亭或者吟月亭中，抑或是来到猴岛，看猴儿们嬉戏打闹，听鸟儿们叽叽喳喳欢歌笑语，如同《西游记》里的花果山。（图 2-5-28）

猴岛上浓荫蔽日，三面环湖，岛上怪石嶙峋，环岛围以石栏，传说早期此地是饲养动物供人观赏之处，猴子多栖息于石山峭壁、溪旁沟谷和江河岸。山后树木竹林葱茏苍郁，地上铺满绿茸茸的青苔，石根交错，让人恍若一下子从淡雅的小桥流水处迈进了原始森林，清凉静谧自不必言。猴亭构建通透，可一览假山水池。亭架之中叠以块石成山，极富山林野趣。

图 2-5-28　猴亭（沈红梅摄）

13. 羲象桥

沿紫藤廊架横穿猴岛，西端的羲象桥置于盘根交错大树旁（图2-5-29）。桥为南北走向，面积约40平方米，桥为两孔，平平板板，没有一丝弧度。桥面设有铁艺栏杆，水泥砂浆扶手，桥沿及两侧边梁均为水磨石饰面。桥面很窄，仅能容下两人并排而行；桥身很短，全长不过数米。羲象桥联通主岛与小罗浮岛，北边与猴岛相邻：这一头，尽是猴群打闹嬉戏的游乐场；那一头，却是依山傍水的欧式浪漫。湖水虽不及清澈见底，却也是明净的，风一吹，波纹一圈圈扩散开来，荡到岸边，又隐入土。

羲象桥与园内其他桥体的不同之处在于桥体的铁艺栏杆，其形状曲折多变、巧借回环、层次丰富、回味无穷。唐代诗人常建有诗云："曲径通幽，禅房花木深。"水石、花木的光影透过铁艺栏杆呈现一种若隐若现、婉约雅致的景象。沿桥西行，流水潺潺，落英缤纷，到达彼岸，忽逢几株百年松柏夹峙两侧，延爽馆也就扑面而来。如此独具匠心的营造手法，对赏园游人来讲，趣味盎然，增加了园内的空间进深，使人有一种豁然开朗的喜悦与惊喜。

图2-5-29 羲象桥（陈瓒摄）

14. 玉带桥

羲象桥往北即到达主岛，沿着湖边的小径过三角浜可见玉带桥（图2-5-30）。桥的面积约57平方米，桥面饰宝瓶栏杆，左右各有一对顶部为十字状的灯柱。扶手、栏杆、灯柱均为水磨石饰面。

玉带桥连接主岛和猴岛，与延爽馆隔水相望，通过桥路的延伸将猴岛一分为二。桥身如玉带飘逸，似霓虹卧波，西侧有一大片密集的睡莲，是夏揽荷浪的好去处。每当此时摄影家们斟酌着光和影，捕捉着美好，就如同造园者在园林中的精雕细琢，简朴而别具匠心。

图2-5-30 玉带桥（陈乾坤摄）

15. 四恭桥

伏虎林往北通往小罗浮岛有桥一座，名曰"四恭"，桥栏五段，桥为钢筋混凝土梁式单孔桥，东西走向，面积约65平方米。（图2-5-31）

四恭桥横卧于叶湖之上，桥西侧一汪碧水，数株睡莲浮于水面，几尾小鱼穿梭其间，另一侧是湖中央喷泉，漫步其间，可见怪石林立的湖石奇景，美不胜收。

如至夜晚，水面波光粼粼，流光溢彩，行于桥上，更添游趣。桥面左右栏杆上各有

图 2-5-31　四恭桥（上海市肺科医院提供）

一对圆形托盘装饰的灯柱，栏柱间设有米字形水刷石栏杆。昏黄的暖光灯使得桥梁的造型更突显，隐约可见水中倒影，如同圆月一般。（图 2-5-31、图 2-5-32）

纵观全园亭桥，造型别致，布局合理，水榭桥亭倒映池中，景色丰富。花影、树影、云影、水影，风声、水声、鸟语、花香，无形之景，有形之景，交相辉映，诗情画意油然而生。游走叶家花园，需细细品味、慢慢咀嚼，方可体味到曼妙之处。有的虽然过于矫揉造作，但却都别出心裁，反映出园主的猎奇心态和造园者的匠心精神。

图 2-5-32　四恭桥局部（刘仲善摄）

氧吧疗养——漫步长廊

南风熏面庞

凌霄灿长廊

行起散愁疾

移步换天堂

晴日宜晨赏

雨后更清凉

四季皆有美

氧吧好疗养

六、精华洞天——叶家花园的假山艺术

（一）洞天福地——园林地形塑造与假山叠石

置石掇山是我国园林艺术特有的景观符号，在园林建筑中占有十分重要地位。文震亨在《长物志》说："石令人古，水令人远，园林水面，最不可无。"假山叠石以土、石等为材料，以自然山水为蓝本进行艺术的提炼和创新，是对自然山体景观的高度浓缩与再现。

造园必有山，无山难成园。中国园林讲究和谐之美，在塑造石峰、石洞、石壁、谷、壑、蹬、道等景观的布局中，赋予假山以一定的生态功能。建筑依山而建，草木傍水葱郁，形成山随水转、水因山活、唇齿相依、回归自然的格局，叠山理水的构造创造了一种"宛如天开"的境界。

陈从周在《说园》中说："山不在高，贵有层次。"叶家花园的假山堆叠表现自然，只作拼叠，不作雕凿。山石的组合造型充分地表现出园林意境，虽不及苏州园林的品质与美感，但在上海私家园林中已属独树一帜了。（图2-6-1）

叶家花园的设计者借鉴江南园林布局特点，从总体布局、地形塑造、建筑风格、植物配置等方面，结合游乐园性质，确定了"一心、一轴、一环、两翼"的总体布局，通过以小见大、园中有园、步移景异的古典园林设计手法来

图2-6-1　叶家花园的假山叠石

塑造花园意境。"一心"即以湖面景观为核心，通过人工开采形成三座环湖小岛，由金锁、羲象、玉带三桥相连，其中以延爽馆为构图中心，其灵感猜想来自三仙岛的神话传说；"一轴"指始于西大门入口的晴涛桥，经玉带桥、柳浪桥贯穿东西两点形成的虚实结合的景观轴；"一环"为串联出入口及重要节点的环形主路；"两翼"是延绵环绕的南北翼之山——伏虎岭与卧龙岗。整个园林俯瞰就像一个装满水的葫芦。葫芦的口即是原叶家花园主入口。环绕叶家花园外圈一周，景色也跟随游赏的步伐变化，春夏秋冬四季风景不断轮转，为游者带来别样的体验和感受。

叶家花园通过挖湖堆山丰满空间，设计大水面叶湖，并将宽敞的林荫石道与水景关联，中部之水，面对山林，南北翼之山，水萦如带，

各有主体，各具特色，且皆有节奏韵律。

在叶家花园里，视线所及都能见到石景，石与假山仿佛与游人结伴而行，它可以是一块点石、一片立峰，也可以是几块山石组成的堆石或假山，或是以怪石、奇峰、异石等形式出现，也可以独置、拼峰、对置、散置和群置等形象展示。山石既独立成景，又与水联姻成山水景观、与树木花草组成山林景观，乃至与周围的建筑、亭、桥、水、植物等构成一个综合的艺术景观，以及由此产生的光影变化，从不同角度塑造出多彩丰富的视觉变化，产生独特的园林景观。

（二）玲珑岩岫——叶家花园的假山艺术解读

叶家花园园景以山为主，湖水辅之。园内

图 2-6-2　叶家花园的湖石

图 2-6-3 　叶家花园中的象形石

多以湖石垒叠（图 2-6-2），表现出嵌空、穿眼、宛转、险怪之势，形态玲珑剔透、婀娜多姿、纤丽秀雅，皱、漏、透、瘦俱全；线条流畅缓和，石理、石纹、石色、石质透空轻巧、造型优美。偶见石笋，或隐于竹丛之间，或独立成景。少量的黄石，形体顽夯，见棱见角，雄浑沉实。

　　弯曲的道路两侧设有象形石，多为动物造型，大大小小的石头好像被赋予了生命。有的勇猛无比，有的安静恬美，它们惟妙惟肖、变化无穷，如长龙、猛虎、海豹、灵猴、飞鸟……沿途欣赏，只要有想象力，仿佛珍禽走兽一路相伴。它们大多形神皆备，焕发着灵气，给人留下了深刻的视觉印象。（图 2-6-3）

　　有孤石藏匿在高耸的树林中，时有时无，若隐若现。或是堆叠形成变幻莫测的迷宫，或伏于地下，或暴露在阳光之下，引人走入一段神秘之旅。从低处仰视，岩壁陡峭，各种形状的石头或起伏、或交错、或横卧、或挺立，峥嵘毕现。绿树青苔长于石头间、石缝中、石壁上，仿佛两种完全不同的生命力在对抗着蓬勃生长，造型各异、彼此相连又各自成景，似一幅大自然混成天成的立体山水画。

　　现如今的入口处有一幢仿古建筑 9 号楼，屋前踏跺，沿石阶入室，人在屋内，透过木栏玻璃窗，仿佛面对崖壑，窗外重峦叠嶂，乔木重生。屋前屋后有叠石，转角处有低矮湖石，远看有深山幽谷之感。再往远处，叠石如小山，亦如余脉态势。

　　山林中随处可见的山石，大多竖向衔接，形成自然的层状拼接，宛如一石。叠石向上，形成自然洞穴或孔洞。抗战亭处的山坡，假山小品堆叠，高低起伏，旁边配植有老松一棵，循蹬道而上，见银河倒泻瀑布飞溅，如坠云雾。

　　牡丹亭西北处的驳边假山，亦间以低矮峰石，临水池面，石矶、山径低平。踏径临波，设有两道，一道穿山洞后盘折上坡，至古木浓荫的山顶；另一道沿山径盘旋而下，高低蜿蜒，山石窈窕，可至抗战亭。

　　水池四周，均以湖石砌筑驳岸，与池水相错，曲折自然。并置适当泥土，配花木藤萝，既可以增添石岸的景色和趣味，还可以调和园林的色彩，构成变化多样的景色，形成自然的山水石景之趣。

图 2-6-4　四恭亭置石

如四恭亭旁的置石组景点缀空间，有远古之意，也有现代之感。（图 2-6-4）

受空间的局限性，又为了获得真山真水的意境，私家园林只得营造"咫尺山林"的自然石景，这就需要把握整体结构与气势，正所谓"山无水则不灵，水无山则不稳""仁者乐山，智者乐水"。

叶家花园内湖石假山居多，原因之一是花园建成时作为游乐园使用，不仅需要一点"人道我居城市里，我疑身在万山中"的江南园林的诗意和灵气，更需要具备一些休闲娱乐的场景，如园内曲折的弹格石道，张牙舞爪地堆叠在道路两旁单块湖石，憨态可掬、圆滑深邃的各类小品湖石，徜徉其中，既令人感觉阴森恐怖，又让人忍俊不禁。

叶家花园的有趣空间始于入口处，采用"欲扬先抑"的手法，设计做得甚是精妙。中国人内敛、含蓄，精彩的花园是不能让人一眼望穿的。还未入园，从西大门入口处镂空的铁门栏栅隐约可见花园池石的景致。入园可见"小庐

山"伫立在两道中央，左右设有两个水池，分别是潜龙池和集霭渚。四周水石横陈，花木环覆，低头倒影历历，眼前廊架延绵，远望弹格石道，敞幽交替。恰似白居易在《琵琶行》中描写的"千呼万唤始出来，犹抱琵琶半遮面"的情景。"小庐山"是一座假山与池水结合的综合山体，主要由玲珑剔透的湖石垒叠，正面朝阳，褶皱繁密。山体变化纵横交错，灵动多变。山后配植高大的松柏，秀木繁荫，有松如盖，枝条交错缠绕，向外伸出。深池中睡莲数丛，绿叶贴于水面。这一造景，借水的灵动和山的凝重，充分体现造园美学中的动静相宜互补理念，也蕴含了水智山仁、水乐山寿的儒家哲学思想。

"小庐山"既起到引人入胜的入园效果，又有效遮挡园内的清幽，隐约可见的山水花木，在绕行数步后，豁然开朗。入口的路线设计，让游者充满了期待和悬念，以平淡来衬托浓郁。以"小庐山"自称，当然是仿照闻名于世的"匡庐奇秀，甲天下山"的庐山而建，湖石的"雄、奇、险、秀"在此表现得惟妙惟肖，有过之而无不及。参差不齐的山峰依次摆开，最高处又有群峰散布，高山植有苍天松柏，给人以雄伟壮观的感觉。整个"小庐山"被石池围绕，并可见无数大小不一之壑谷、岩洞，形成了池潭、山坡、山峰等三层景观叠加的效果，营造出"咫尺山林"的感觉。遗憾的是现在的叶家花园的入口已在 9 号楼处，如此要感受园主原来的匠心和妙笔，只能移步原大门。

"小庐山"西北侧的潜龙池中有一湖石堆叠的石岸小道，凹凸相间，出入起伏。一湖池水一分为二，临池游赏，移步可见脚下涓涓池水如影随形，透过清澈的池水可见湖底有多处洞岫，犹如水中鱼虫安居之处。而步道上的安置石呈倒三角状，路面平坦便于行走。池中矗

立着一块怪石，上刻"犀牛观天"四个大字，双目直指"小庐山"。揣测潜龙池的由来源自唐吕岩《忆江南》词"长生术，初九秘潜龙"，园主借龙以喻天之阳气也。

西南侧集霭渚有一红栏临池的拱桥，人行其上，一面临水，一侧靠山，俯仰可观，两边各有一条山间小径，随山势高低起伏，左折右曲，步步生景，一路辍以花树怪石，更增添了幽深之美。（图2-6-5）

绕过"小庐山"，见几株老干紫藤，浓荫深郁，使人心安神静。沿紫藤廊悠悠信步，细品两旁姿态各异的湖石，不觉迎来晴涛桥。过了晴涛桥，随即入主岛。道路四周松柏撑天，湖石堆叠，参差不齐的石笋，配以古松，峭拔挺立，有刺破青天之势。延爽馆前假山堆叠的小品蜿蜒曲折、混然天成，各类花植布置精良，树木郁郁葱葱散发着舒心的凉爽，阳光穿透层叠的枝叶洒落肩头……移步或驻足，直视或低头，都能有不一样的体验，耐人寻味。

如果说把整个叶家花园比作"天"，延爽馆就是"地"。"天圆地方"的设计理念，隐含着"天人合一"的精髓，如此地形塑造，在中国传统文化中象征着"外儒内法"和"外圆内方"。以太湖石在延爽馆的局部进行装点，

图2-6-5 集霭渚（陈瓒摄）

图2-6-6 石趣（周培元摄）

如入口台基处和墙面生硬处，嵌砌处理过的湖石，如同自然山岩，体量均自然协调。石阶前的湖石造型奇特，其颜色通过湖石的曲折变化形成不同层次的丰富色调。先说最前面的两组置石，左边为青灰色，整体形状呈椭圆，石内洞多；右侧颜色偏白，形状较不规则，拼接之处有大有小，过渡自然。正所谓"左青龙，右白虎，前朱雀，后玄武"之风水宝地。提步上阶，又见另两组假山运用了的安、连、接等多种手法，衔接自然，宛如一石，犹如两位耀武扬威的门神，造型夸张，让人不禁产生一种肃穆之感。（图2-6-6）

过延爽馆，沿小径而北，筑桥一座曰"金锁"，直至卧龙岗末端，沿大道东行，抬头至山巅最高处有一银河倒泻瀑布，其景用大量太湖石堆叠而成，各种大小洞错杂，两侧成对立状，顶端形似两头雄狮挥舞嬉戏，低处用无洞的灰青色石块叠成，石层略近水平，表面微有出进，远望之凹处有阴影若洞状，中间的石壁由水泥葺成，较为光滑。水流开启时，一挂飞瀑从垂直的悬崖峭壁上倾泻而下，如银河倒泻，

雪喷云飞。有种"拔地万重青嶂立，悬空千丈素流分"的意境，正如李白所言："遥看瀑布挂前川。"（图2-6-7）

如遇枯水，可细观垂直状石壁两侧作向外斜出的悬崖之势，堆砌时不是用横石从壁面作生硬挑出，而是将太湖石拼接钩带而出，这样既自然又耐久，浑然天成。配以几株古树雄伟峭拔，颇具气势。底部水池做成阶梯状，用碎石及鹅卵石平铺于池内，抗战亭伫立在边，有一种苍凉之感。沿着悬崖往下，湖石有大有小，有直有横，参差错落。瀑布水道两侧还设有高低两个山洞，因有破损暂时无法入内。

如能恢复瀑布之水流，则山涧潺潺清泉之声，再伴鸟啼虫鸣，卧龙岗之山岭将增添不少动感，如南北朝王籍的《入若耶溪》所曰："蝉噪林逾静，鸟鸣山更幽。"

顺水流的方向往前是匹练桥，一湾池水由北向南流向下级瀑布汇入湖池，湖石堆叠的八位仙子在水面栩栩如生。瀑布通过巧妙设计，形成直泻、叠落、流淌等多种自然落水状。整个地形呈曲尺形，临水处布置了形体不一、高低错落的两座亭子，主次分明。山上古木新枝，生机勃勃，枝叶摇影于其间，藤蔓垂挂于其上，自有一番山林野趣。坐在湖边低头静听，水声潺潺，玉珠落盘，不觉心旷神怡。低头见湖池中锦鲤嬉戏，空若无所依。"就中只觉游鱼乐，我亦忘机乐似鱼。"如此情景将庄子"鱼我同乐"的美学思想淋漓尽致地展现出来。孔子也曾倡导"多识于鸟兽草木之名"，其意是让人亲近自然，从自然中获得感发，从而达到人和自然之间品性、感情的无所隔间、化合为一的境界。

图2-6-7 银河倒泻瀑布（上海维方建筑装饰工程有限公司提供）

图 2-6-8　驼峰状湖石 1（沈红梅摄）

牡丹亭一旁设有两条鹅卵石小道，中间连接处由太湖石垒成的小假山形似驼峰，曲折得宜，起伏有致。湖边山石相绕，岸边堆成自然式驳岸并与水交融、与花木相依。（图 2-6-8、图 2-6-9）

池中央有一湖石水景，叠石成向上拱状，形似一只抬头仰望的神龟。湖石一角芦苇水草丛生，野意盎然，更添风趣。远处几株不知名的古树伸向水面，岸与水的交接模糊含蓄，水面显得幽深，好似有源而活。（图 2-6-10）

对岸是园内最小的岛屿，一亭架围成的小假山蔚为壮观，假山四周环绕池水，脉络相通。叠石跨水中形成自然的小山洞，并配有攀缘植物。

湖的最南边，湖底有一巨大的翻卷浪花的潜龙，岸边卧有憨态可爱的伏虎。池边水岸很是自然，它没有用条石砌成规则形的石驳岸，而是临水做成自然式叠石池岸，即用

图 2-6-9　驼峰状湖石 2（刘仲善摄）

图 2-6-10　神龟状湖石（陈瓒摄）

山石堆成的石矶。湖池底部的碎石自然伸入水中，并有几处临水踏步。潜龙伏虎的山石造型使得整个湖面更具张力，水面延伸流入洞穴，给人以流动之感。（图 2-6-11）

再往前已见路的尽头，顺着石阶往下，在湖池低处竟发现一隐僻山洞藏于其内。欧阳修曾提过"初寻一径入蒙密，豁目异境无穷边"。叶湖内有洞数个，蜿蜒如隧道状，而此处别有洞天。

"一柱擎天"犹如一定海神针插入叶湖（图 2-6-12）。不远处湖池之上，似一神龟浮卧在水面上（图 2-6-13），犹如护神大将守卫在此。龟作为吉祥之物是仁寿的象征。古籍中记载龟、龙、凤、麟为"四灵"，可避邪挡煞、消灾避害、镇宅纳福。夏日洞外炎热，洞内清凉。人入洞内，光线隐约，若有似无，如在明与暗、开与合、虚与实、动与静的对比中。

林中用山石叠砌而成的蹬道，随地形的高低而起伏、转折而变化。蹬道的起点两侧均用竖石砌筑。竖石的体形忌尖瘦，宜浑厚。蹬道路面采用大鹅卵石铺地，也有乱石铺地，古朴自然，意趣无穷。（图 2-6-14）

图 2-6-11　龙王坐镇（沈红梅摄）

图 2-6-12　湖石洞内"一柱擎天"（沈红梅摄）

图 2-6-13　湖石洞内（沈红梅摄）

图 2-6-14　乱石铺地蹬道（沈红梅摄）

玉砌雕栏——琉璃阁

伏虎岭头阁丽明

四坡攒尖琉璃顶

仙人灵兽脊上饯

玉砌雕栏好倚凭

弥望三岛叶湖景

春花秋月来相迎

风卷云舒皆过往

悬壶不辍仁者情

七、悠远宁静——叶家花园的水景艺术

水作为一种晶莹、洁净、柔媚、坚韧的自然物质，以其特有的形态及所蕴涵的哲理思维成为园林艺术不可或缺、极富魅力的要素之一，被称为园林中的"血液"或是"灵魂"。《管子·水地篇》说："水者，何也？万物之本原也。"水为动植物提供生命之居所，为游者提供宁静致远之环境。作为园林设计中的重要组成部分，几乎是"无园不水"。水景，顾名思义就是指因水得景、因水成景。在园林中它具有灵活、巧于因借等特点，便于根据地理形势来处理水景、协调园景变化，营造意境。以水环绕建筑产生"流水周于舍下"的水乡情趣；亭榭浮于水面如入神阁仙境；各类小品立于水中，借景思情，移情寄性；水在流动中产生韵律与节奏

增添了灵动的意境。山水园可谓中国园林的独特法则，"一池三山""山水相依"是中国园林的基本规律。园林山水脉理之法自古便极其讲究，明代文学家归有光曰："天下之山，得水而悦；天下之水，得山而止"。人们通过模仿自然山水，以一种细水长流的安静反衬出整个环境的清幽。（图2-7-1）

"小中见大"是园林水景空间处理常用的方式，以方寸之地表现出名山大川的意境。"山形面面看，景色步步移"。游园过程中，借助湖池岸线的延伸，植被建筑倒影，表现出水的深远之感，令人意犹未尽。利用岛、桥划分水空间，形成动静之别、大小之异的水景层次感。

陈从周在《说园》中写道"水曲因岸，水隔因堤""园林用水，以静止为主"。水景在景观中形式多样，富有变化，易与周围景物协调统一。水景艺术重视空间的虚实划分，塑造水景空间通常运用桥、堤、亭、榭等园林要素，注重美感与意境的营造。

欧阳修筑醉翁亭于滁州并自为记，记中所说"醉翁之意不在酒，在乎山水之间也"已成为家喻户晓的名言。园林中的地形、水体、

图2-7-1　水景艺术（上海市肺科医院提供）

图 2-7-2　水中睡莲

建筑、植物等各个要素位置和空间比例关系相互结合、巧妙安排，面积虽小，空间层次感强。塑造过程中，大都以静水为主，使园林安静，更能从侧面反映造园者平和的心态。宁静空旷的水面与铺满密密麻麻石头的水岸，疏密相间，错落有致，更能体现造园者对园林山石、水体、建筑等各要素疏密相间的把握和精心的空间布局。

　　水本身就是一个观景对象，并具有组织串联各景点的功能。平静的水面作为整个区域景观中的一个构成元素，具有反射、折射的特征，伴随光线的变化使其产生变幻莫测、丰富多彩的观影效果，可营造出天光云影共徘徊的意境之美。（图 2-7-2）

（一）听涛乐水——叶家花园的水景分布

　　叶家花园的主人，受海派文化及西风浸染，基于猎奇的心态和赢利的目的，园内叠山理水的手法，有别于传统特点，花园即是园主身居闹市而得清静的佳所，又引入了西方水体营造了几分时尚、现代的气氛，集观赏、娱乐及居住于一身，成为名副其实的开放式夜花园。园中水景主要有流水、静水、喷水、落水等多种形态，是利用地势、土壤结构，仿照天然水景观而成的溪流、瀑布、人工湖、跌水等。

　　湖池中大面积水体，给人以平远宽阔的视觉感受。水景造型主要有静止水和萦绕流水。静水水面宽阔，映入四周景物，形成富有层次的朦胧美感。流水微有波动，风起细微涟漪，漾来荡去，静中有动，真实而充满趣味。水面大小相间，水陆参差交错，增加了空间层次。

　　蜿蜒狭长的水体，回盘环绕的水势，形态清净、延绵、悠远。溪水曲折盘回，树木掩映，时隐时现。南部湖池虽缺乏盘曲变化，却能利用树木造成幽深断续的效果。园中的武陵源，两岸叠石较好，两侧石岸错落有致，水面曲折幽深，可增人游兴，引人入胜。

　　瀑布之水，顺着地势下流，自然又柔和。园中东北角假山高处后设水闸，流注池中，开启之时瀑布四叠，水流呈台阶状连续流出突然下落，并由石隙间宛转下泄，正如《园冶》中所说"水由峭壁或高处直泻"，形成一道美妙的风景。（图 2-7-3）

图 2-7-3　叶湖瀑布

图 2-7-4　叶湖喷泉

叶湖内设有多处喷泉，伴随着曼妙的叮咚声，湖中央喷泉的水花时高时低，时大时小，使人赏心悦目、身心舒展。（图 2-7-4）

（二）咫尺天涯——叶家花园的水景艺术

叶家花园水景布局如一葫芦形，亚腰处建有三座桥曲折连接，以湖池环绕，三座小岛分割水源，形成了景点交错、布局曲折园林意境。北入口通沿桥体直通最大的岛屿，另两个小岛位于主岛东侧，上下各一。东西中轴线由晴涛、玉带、柳浪三桥连接，而南北轴线则由四恭、羲象、金锁三桥串联。园中开凿池湖，象征大海；在湖池中筑假山、土岛，象征神山仙岛。三岛六桥之间，山水、花木与建筑有机交融，自然环境与人工环境紧密交织，尽显天然之趣，其思想源于天上人间的宇宙图式。园内最主要的建筑延爽馆位于主岛核心区域，为东西、南北两条中轴

线的交叉点。主岛的东、南、西、北各有一桥连接，意为四通发达。整个叶家花园湖池又似椭圆形，与呈长方形的主建筑延爽馆，形成天圆地方的哲学思想。天与圆象征着运动的水流，地与方象征着静止的建筑，两者的结合则是阴阳平衡、动静互补。（图 2-7-5）

叶家花园作为沪上首屈一指、东西合璧的

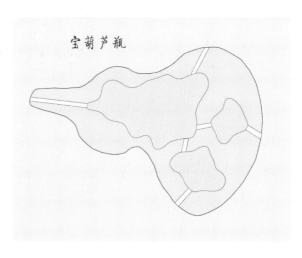

图 2-7-5　叶家花园湖池平面示意图（沈红梅绘制）

海派私家花园，水的轻灵虚动、逶迤曲折，成为园林中最富魅力之景。整个园林通过人工水池的造型和功能进行巧妙的构思，即是对自然池沼的模仿，把水池看成是聚宝盆，以水暗语，如"晴涛"与"柳浪"、"潜龙池"与"集霭渚"，以富贵寓意，如"金锁""银河""玉带"等，赋予天人合一的丰富文化内涵。丰富的栽植品种、西式的水法设置营造出怡人的生态环境，含蓄地表达了园主对财富以及美好生活的愿望。具有海岛风格的苏铁、棕榈树等热带植物，混合着亭子、池水、竹子等东方元素，体现出别样的情趣，仿佛是时间和空间上的穿越。池水清澈自然、平静如镜，睡莲悄悄冒出头来，池边青蛙轻声哼唱，远处鸟儿清脆啼叫。以叶湖为中心，辅以溪涧、水谷、瀑布，配有山石、花木、亭桥，形成了可赏、可游、可乐的水景布局。大片湖池有助空气流通，使人的视线无限延伸，给人以清澈、幽静、开朗的感觉。池

周山石、亭台、桥梁、花木的倒影以及天光云影、碧波游鱼、荷花睡莲等，增加了水体的美感，并与幽曲的小品形成疏与密、开朗与封闭的对比，增添了园景的生气。（图 2-7-6）

叶家花园北端卧龙岗倚山势而起，东北角假山高处随势倒挂悬瀑，一改直泻千里气概，泉流跌落三层，散至沟壑之中，高低错落，山与水的互妙相生，造林深不知处之虚境。抗战亭筑于山巅，高旷清爽，可踏至顶端享风中爽气，俯眺瀑布，直白如下，坦荡无疑；从山顶沿涧道逶迤而下，穿梭至匹练桥，待骤雨轰然，飞溅湿身，浩气凌然。沿曲溪一路往东，闲停于牡丹亭、吟月亭中，面前池水一方，清澈可鉴，依栏观鱼，自成佳境，坐雨观泉，独留清音。远观近游，静闻动听，波影茫茫，水声汩汩，由身至心，带入沟壑之中，可得山野林间清音之妙。（图 2-7-7、图 2-7-8）

我国园林艺术的理水，有聚、散之分。一

图 2-7-6　叶湖夏景（周培元摄）

图 2-7-7　叶湖一角（周培元摄）

图 2-7-8　叶湖倒影（上海市肺科医院提供）

般说来，小园之水以聚为主，而叶家花园的水面较大，就以"散"为理水之法。一池三岛，池水曲折绵延。有分有合，隔而不断，虚实结合。岛山虽实，分成三座，并建有琉璃阁、延爽馆等；各处均有亭子散落，湖池虽实，有穿透水桥可通。站在桥上看，池水似乎隔断了，但桥下流水依然。有了桥的遮挡，池水更有层次，展现出一派江南河汊水乡风光。

叶家花园是一个活泼的生命体，山因水而活，石依树而生，亭台衔接细径，山墙牵引绿植，更有暗香浮动、疏影横斜，韵味盎然。过吟月亭往南，穿过柳浪桥到达猴岛，再沿玉带桥往西可至法国文艺复兴风格的高大洋房延爽馆，建筑别致，幽静爽适，为贵宾会客之所。向北之处小路蜿蜒，苔径缭曲，幽寻无尽，尽处湖池中央置一金锁桥，桥上有亭，风景如画，丰富了水面层次。人在亭中，如揽四面风云，周边的美景尽收眼底。元人有诗曰："江山无限景，都聚一亭中。"

立夏时节，依桥而至，赏"近水远山"之景，一汪水池，锦鳞若干，红影闪烁，若静若动。湖边驳岸缀以湖石，参差错落，石上青苔历历，古雅苍润，驳岸边老木枯槎，森列左右，影落水中，藤缠腰上。岸边水榭亭台，烟雨迷离，假山泉水，碧波荡漾，让人不由得一阵惊喜。若是冬日大雪漫天，雪落溪池，雾笼亭榭，茫茫天地，枝木横斜，老树参差，更显魅力。人到此处，虽然空间不大，却感到清新而活泼。

园林水景艺术，贵在意境。宋代郭熙在《林泉高致》中曰："山以水为血脉，山得水而活，水得山而媚。"延爽馆四周水景主要以山石围成湖池，搭配水生植物荷花、睡莲，岸边植物柳树、水杉等，四季清澈，从未枯竭。植物的配置以枝条扶苏伸展易攀附在石壁上的藤本植物为主，常春藤及石缝间的一些杂草，密而有疏，重叠有序。西入口的"潜龙池"和"集霭渚"通过土石围成水池，轮廓比较自然，水池中间山石玲珑嵌空，超然屹立。不远处婉若游龙的紫藤下，清可见底、鱼游波际的水面之上

图 2-7-9　叶湖荷塘（上海市肺科医院提供）

图 2-7-10　叶湖睡莲（刘仲善摄）

几块石几与鱼儿相互点缀，增添池中生气与景色。而岸边植有茂盛的云南迎春，绿茵成片，枝条掩映水源，虬枝伸展，池水浩淼，山石疏雅，隔水相望，倒影迷人。

园中水面约占园内面积的五分之二，拉开了景物之间的距离，游人漫步在池岸小径，步移景异。四周点缀湖石、花木和藤萝，池中养鱼，植睡莲。夏至，荷风四面，荷香泛溢（图 2-7-9、图 2-7-10）。水面较窄之处，池水交汇和转折之处，架以水桥，对比造景，分割水面，潺潺溪流，蜿蜒曲折。以形状富有变化的水池串连，增加层次变化，配合水面的大小，将山石、花木、亭桥、建筑等组织成不同的风景。粼粼碧波，锦鳞戏游。狭长如带的水池环绕于山下，衬托山势的峥嵘和深邃，使山水相得益彰，可谓"自成天然之趣，不烦人事之工"。

随着昼夜交替，园内的空间环境也形成不同的光影效果。夜幕降临，光影轻柔地散落，月光在水中摇曳，伴随散布各处的桥灯点燃，四周落影的不断渗透、转化，让人游在其中不觉已落入忘我陶醉的意境。每当秋时明月初上，翘首仰望天上一轮皓月，俯视池面，银光荡漾，天上真月、水中影月巧妙地融合在一起，是园林夜色的情趣所在，是园主心情的奥曲流露，也是园林艺术中应用虚实相济理论渲染意境的大手笔。

岛居真趣——延爽馆

夏木蔽烈日
开轩延爽心
湖石环水抱
羡鱼已忘机
松声入静室
凉风生暑衣
岛居得真趣
合璧融中西

八、吉祥如意——叶家花园的铺装图案

园林道路是园林的脉络，它贯穿于园林的每个角落，铺装作为园林的一个元素起到引导游览、链接空间、疏导交通等作用。漫步在园林的美色之中，除了山水花木、亭台楼阁，那些镶嵌着各种颜色的卵石、碎石块、砖块，通过匠人的想象和精心构思，创造出变幻无穷的图案。这些地表景观不仅有装饰点缀之效，让游者身心愉悦，寄托着丰富的思想与情感，还能起到防滑净园的功用。（图2-8-1）

地面铺装虽是细节，但仍然需要遵循统一性、适宜性、审美性的原则。从实用功能来看，它起到了方便行走、雨天防滑、保护植被以及阻止尘土等作用；从美学角度来看，道路铺装结合具体地形、地貌、环境起着分隔与组织空间的作用，在满足通行的同时，具有一定的方向指引性，使游人按照设计的意愿、构想、路线和角度来欣赏景观。良好的铺装对强化意境起到了烘托、补充以及增彩的作用。

铺装图案大多使用文字、图形、特殊符号呈现，并与掩映错落的立体景象交融，惟妙惟肖地构成园林完美和谐的整体审美形象。古典园林铺地形式丰富、图案多样、寓意深远，是园林构成元素之一，它除了本身的造型美之外，还常使用几何形、植物、动物、器物、文字等，通过谐音、联想等方式，赋予图案吉祥的文化内涵。优美的铺地图案，色彩斑斓，千姿百态，形如织锦，琳琅满目，作为环境背景与园林中的植物、山水、建筑融为一体，营造出一种意趣和诗意的环境氛围。

铺装大多因地制宜，根据不同的园路形态、

图2-8-1　叶家花园铺装图案

景象环境采用相应的形式。明末造园家计成在《园冶》中对如何铺地做出提示："如路径盘蹊，长砌多般乱石，中庭或宜叠胜，近砌亦可回文，八角嵌方，选鹅子铺成蜀锦；层楼出步，就花梢琢拟秦台……"这些铺地的材料与形式秉持自我循环的生态性，遵从"天人合一，道法自然"。

中国古典园林中最本质的特征是"自然"，铺地多利用卵石和青石、石片、瓦片和各种碎片、碎石等拼合而成。这些材料大多简单而素雅，其所固有的纹理、粗糙表面、天然色彩别具一格又物廉价美。计成的《园冶》中对铺地的描述虽然简单，但其技艺却甚为精细、质量优良，能经历几百年的踩踏仍基本完好。

一幅蕴含着吉祥寓意并且充满了艺术气息的铺地图案，寄托人们最美好的向往和追求，它作为中国传统文化的重要部分，是中国人生活中不可缺少的内容，并具有强大的生命力，体现了中华民族源远流长的传统文化与深厚的人文艺术价值。

（一）小筑寻趣——叶家花园的铺装图案

在漫长的岁月洗礼下，叶家花园内多处道路受到风雨的侵蚀，出现了不同程度的破损。为了维持园林的寿命，需要对园林进行整体性、有效性的修缮。我们不难推测现如今看到的大部分铺地图案应该都是后来再修建的。在道路的局部修缮中，工匠们使用了传统工艺和材料，保持了整体美观。园内铺地装饰题材涉及天地自然、动物花植等大量的吉祥图案（图2-8-2）。

"路径寻常，阶除脱俗。"纹样作为具象的铺地元素，注重简约、实用、美观，形式各

图2-8-2　叶家花园鹅卵石铺地（上海市肺科医院提供）

异的花纹穿梭于园林之中，增添了园林的自由韵律。常见的几何纹样、动植物纹样，在叶家花园的园道中则随处可见，给人以美的享受。

地处园中之园最大岛屿上的延爽馆，门前的山石小品峰峦起伏，犹如玄关，曲径处一组"暗八仙"铺地格外壮观。民间有"八仙过海，各显神通"的说法，既有吉祥寓意，也能代表万能的仙术，体现园主八面玲珑之意。

园内俯拾皆是竹子铺地，竹子中空、有节、挺拔的特性，历来为人们所称道，为中国人所推崇的谦虚、有气节、刚直不阿等美德的生动写照。

牡丹亭内还原传统手工水磨石工艺，整体以白色细碎石铺地，四周镶填黑色边框，以中心为原点铺装绽放的莲花式纹，色泽暗红，给人一种浓浓的禅意，与湖中荷花相映成趣，清雅高洁。夏天，清香远溢，凌波翠盖。即便是寒冬时节漫步至此，脚踏荷花铺地，似仍有荷花清香，妙趣横生。游园至此，不觉馨香四溢、心旷神怡。

此外，桥亭边际的各式花朵纹铺地，可谓足下生花。循着淙淙水声，牡丹亭地面凸显的莲花样式巧妙地呈现在天圆地方之处，与镜面水景相呼应，形成"光影渐入廊，草色微入庭"的场景。登山小道上，象征长命富贵文字纹指引你通往高处，使人步步好运；众多小径中更有海棠纹、十字纹、几何纹等式样。黑石环绕的盘长纹连绵不断，五环相扣纹象征圆满，意在合家欢乐。菱形的方胜纹样，长条连接，有胜利相连之感。

植物纹样给人温馨、亲切之感，并与湖石假山构成绝妙意境，园内以万年青纹、莲花纹、百合花、梅花纹等多见。自然碎石间有花草点缀，相映成趣，呈现出独特的生态景物情趣。

万年青终年翠绿常青、生机勃勃，象征长寿。万年青纹枝叶蜿蜒，颇具动感。

莲花纹造型别致，花头、叶子、枝、梗、茎以及果实等镶拼出一株完整和谐的莲花，表现出生动而丰富的装饰效果。图案中两朵莲花生长在同一藕茎上，寓为"并蒂同心"，表达夫妻相亲相爱、情投意合。在民间，莲也称荷，与"和"谐音，表示和合如意。其花和果是同时生长的，寓意为连生贵子。（图2-8-3）

连枝寿桃纹铺地，寿桃为红色，黑色作茎叶，造型饱满，两两相依，象征着健康幸福，福寿连绵不断。（图2-8-4）

百合花纹由黑色排列披针形茎干，红色拼贴成椭圆形花瓣。百合花外表高雅纯洁，素有云裳仙子之称，其中种头由鳞片抱合而成，取"百年好合""百事合意"之意。此簇百合竞相绽放，让人感觉香味扑鼻，一朵微绽一个小口，带着一丝丝清香，另一朵迎面怒放，花瓣

图2-8-3 莲花纹铺地

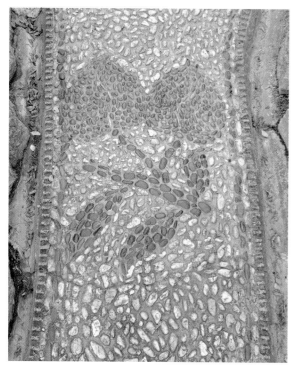

图 2-8-4 连枝寿桃纹铺地（沈红梅摄）

如玉洁白无瑕，略带一点阳光的温暖。

梅花纹在黄色鹅卵石道上十字交叉地规则排列。花朵小巧别致，花瓣以黑黄两色卵石搭配，花蕊由细长型浅色卵石围绕，花心由一个正方形红色卵石镶嵌。"梅花香自苦寒来。"梅花象征着坚强、傲骨，古人常用梅花自我勉励、自我标榜。常见的梅花开成五瓣，寓意吉祥如意，又称之为梅开五福，象征福、禄、寿、财、喜齐全。

桂花纹以四瓣的桂花图案进行连续平铺，组成花型方阵。桂花香满天下，是吉祥、美好的象征。

动物纹样以凤凰、蝴蝶、鸳鸯等进行组合，形成多种类型的图案，营造出鸟鸣草绿的意境。凤凰纹张开翅膀飞翔，与祥云自然巧妙地组合，寓意蒸蒸日上。凤凰是古代的神鸟，代表祥瑞，它的身体为仁、义、礼、德、信五种美德的象征。（图 2-8-5）

松鼠纹中乖巧聪敏的金钱鼠，正在蜿蜒无尽的松树上嬉戏玩耍。松鼠表情机智可爱，聪明灵巧。（图 2-8-6）

鸳鸯戏水图案中两只鸳鸯一大一小，一前一后，正伸长脖子、展开两翅拍击水面，在波动的水面上嬉戏追逐、并肩畅游。它们似乎发出了低沉而柔美的叫声，好像情侣在窃窃私语。"止则相耦，飞则成双。"鸳鸯戏水图案，寓意夫妻和睦相处、相亲相爱。（图 2-8-7）

黑白卵石相间组成的蝴蝶纹，蝴蝶翅膀曲线圆滑柔软，给人以美满、陶醉和向往。蝴蝶有很强的生殖繁衍能力，是生殖崇拜的符号、子孙兴旺的象征，也是幸福、爱情的象征。（图 2-8-8）

图 2-8-5 凤凰纹铺地

图 2-8-6 松鼠纹铺地（沈红梅摄）

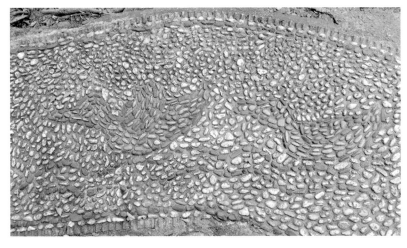

图 2-8-7 鸳鸯戏水纹铺地　　　　　　图 2-8-8 蝴蝶纹铺地

文字图案铺地形式较多，由水磨石、碎砖拼铺。在亭内水磨石铺地上可见单字圆形的团寿纹图案。线条环绕不断，寓意生命绵延不断。四恭亭的入口处有一碎石拼贴的寿字纹图案铺地，排列组合非常紧凑，虽然年代久远，却越发古朴典雅，猜想是早年遗留下来的，甚是珍贵。四恭亭中的铺地为水磨石工艺，卵石铺成的黑白相间的圆形八卦纹。古人常用此作为除凶避灾的吉祥图案。（图 2-8-9、图 2-8-10）

字纹是将适宜的汉字直接以图案方式排列，配以其他动植物图案进行铺装。卧龙岗处的石道上由繁体字铺成"长命""富贵"图案，道路尽头铺有"上山"字样，有导览指引的作用。（图 2-8-11 至图 2-8-13）

器物铺地"暗八仙纹"与叶湖内的八仙过海湖石造型互相呼应。暗八仙又称为"道家八宝"，最初见于道教建筑之上，后来被广泛应用于传统装饰。图案追求圆满、美满、美观、和谐的内在本质，在构图与设计方面尤其强调整体的美感。（图 2-8-14、图 2-8-15）

叶家花园内还有一些其他类别的铺地纹样图案，如延年益寿的仙鹤跟树相组合寓为松鹤延年。富贵的牡丹花和花瓶搭配，意为富贵平安。（图 2-8-16、图 2-8-17）

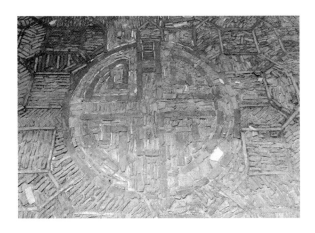

图 2-8-9 寿字纹铺地　　　　　　图 2-8-10 八卦图纹铺地

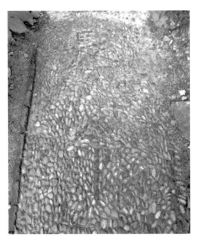

图 2-8-11　上山字纹铺地　　　　图 2-8-12　长命字纹铺地

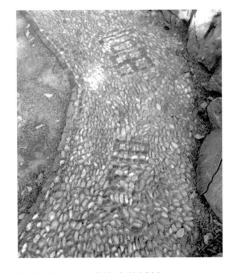

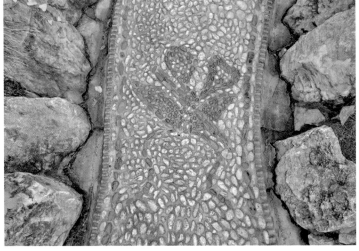

图 2-8-13　富贵字纹铺地　　　　图 2-8-14　暗八仙横笛纹铺地

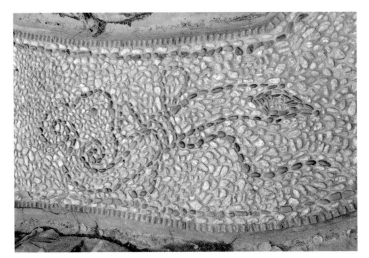

图 2-8-15　暗八仙如意纹铺地　　　　图 2-8-16　富贵平安纹铺地（沈红梅摄）

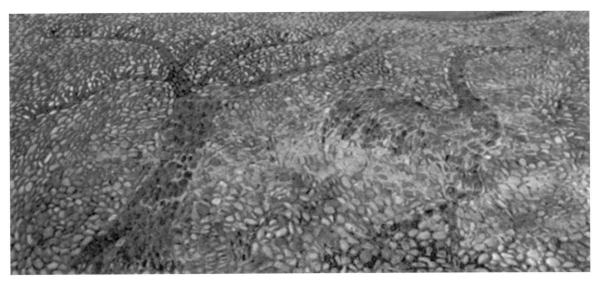

图 2-8-17　松鹤延年纹铺地（刘仲善摄）

（二）点石成金——叶家花园的铺装材料

上海"负海枕江"，四季分明，雨量充沛，适合花木生长。铺地采用传统的排水设计、材料以及施工技艺，对植物生态系统及环境保护起到了很好的作用。

叶家花园内多采用卵石铺道，又名"石子画"，其风格精致，意境幽远，富有江南铺地的传统特色。以黄卵石为纸，黑卵石为画，组成四季盆景、花鸟鱼虫、寓言神话等。画面整体大气而富有动感，具有一种流动的气韵，在阳光下相映成趣。建造者精心挑选的各色卵石经过设计有序排列，铺成各类精美图案，隙间为苔藓植物的生长提供了极好的场所，茂盛之处，青翠常绿，犹如碧绿的绒毯。（图 2-8-18）

由于历史变迁、人为磨损以及自然风化等原因，叶家花园的铺地也经历过诸多的修缮。找拼、拼对、补配、抛磨……为保持园林艺术的整体性，道路修复虽使用现代材料，却也不厌其烦地尽可能保留还原当年叶家花

园的风貌。

弹格石道路又称"弹格子路""片弹石路""弹硌路"。这种道路不容易积水，夏天比较凉爽。由卵石、碎石铺筑的原生态路面曾经是老上海的历史痕迹，百年的时光变

图 2-8-18　鹅卵石铺地（刘仲善摄）

迁、岁月磨砺，成就了一代上海人的文化记忆。（图2-8-19）

"苔痕上阶绿，草色入帘青。"（刘禹锡《陋室铭》）步石铺地或整齐、或规律、或随意排布，富有肌理的叠石或方石，尽显园林之趣，置身其间颇有岁月静好之感。（图2-8-20）

园中应用较为普遍的方形、长方形、蜂窝状等水泥平拼砖。砖石中不乏有透水砖，雨后不积水，有良好的环保性。在曲折回环的各处园林小品建筑中，可见人字铺、工字铺、席纹铺等。脚踩多边形防滑砖石，穿梭在竹林绿海之中，转角通幽，尽享步随景移的沉浸式观赏体验。（图2-8-21）

清张潮《幽梦影》尝云："花不可无蝶，山不可无泉，石不可无苔，水不可无藻，乔木不可无藤萝，人不可无癖。"变幻无穷的铺地图案与山水建筑、景观小品融为一体，是步履

之下迂回流转的诗行，更是中式古典园林独有的繁复美学。纹路各异、材质有别的铺地与园景意境结合，绘制成一幅幅各具特色的地图。如重峦叠嶂的山顶碎石小道、样式各异的水景桥面铺砖、蜿蜒绵亘的环湖卵石步道，叶家花园内不同的环境空间遵循统一的造园理念，和谐得体，呈现出多彩的园林景观。

叶家花园的铺地延续江南园林之诗情画意，并融入了特有的海派文化，以淡雅的黑、白、灰为主色调，布局自由，清新洒脱。材质以拼砖、碎石、卵石为主，在设计时根据不同场所和用途，使用相应的材料。如亭子及室内建筑地面为了防潮和减少起沙，以铺设水磨石为主，如四恭亭内的圆形回纹图案、牡丹亭内的荷花图等。水磨石翻新后见不到裂缝，且经修补后裂缝表面要与周围水磨石无色差或色差很小。

图2-8-19 弹格石道（上海市肺科医院提供）

图 2-8-20　园中石阶（上海市肺科医院提供）

图 2-8-21　长方形石阶（上海市肺科医院提供）

入口处使用水泥方砖铺地取其平坦耐磨；而在曲折的园路、山坡蹬道等处，为防止积水或风雨浸蚀，则以碎石、卵石、砖瓦等材料，或单独使用，或相互配合，组成丰富多彩的精美图案，极具装饰效果。

叶家花园初期的铺地大多保存下来，水磨石铺地图案融入了更多的创新，既有传统图案，如"莲花纹""八卦纹""寿字纹"，还有反映出具有跑马会主题特色的跑马图案。桥面由各类拼砖组合而成，环湖岛上的曲折小道使用鹅卵石铺地。这些铺地虽是工业化材料，但还保留着传统的手工做法，如弹格石道沿用至今，保存较为完好，它见证了百年上海的历史变迁，无声诉说着叶家花园悠久的历史与深厚的文化底蕴。（图2-8-22 至图2-8-27）

图 2-8-22　四恭亭水磨石圆形回纹

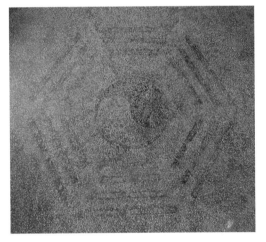

图 2-8-23　回波亭水磨石六卦太极图

图 2-8-24　吟月亭水磨石跑马图

图 2-8-25　叶家花园内保存完好的弹格石道

图 2-8-26　蜂窝状水泥拼砖（上海维方建筑装饰工程有限公司提供）

图 2-8-27　叶家花园内保存完好的石阶（上海市肺科医院提供）

前贤之风——颜庐

叶园有颜庐

见证了叶颜慈善齐心

为民众造福一方

青松翠柏中

庐舍依然

高山景行

仰止行止

前贤之风

后人永志

第三章

叶家花园的修缮与保护

丽影一双——四恭桥

桥下
碧波荡漾
桥上
凝固着美丽的背影一双
相依伫立的情侣
放眼葱茏苍翠之中的叶湖
如梦似幻
一阵风起
吹皱了澄练
映出秀发飞扬
在湖畔，隐林中，出水面，立山冈
俗尘陶然忘

护着这座花园。百年前，这里曾经热闹非凡，车水马龙，灯红酒绿，鸿商富贾云集。百年后，修缮工程建设改善了园内整体环境，完善了上海市肺科医院的整体功能，为人民群众创造舒缓身心、环境宜人的就医空间，将医院的内部疗愈空间与外部花园空间结合在一起，形成一个完整的疗愈空间，也成为传承历史文化的一片瑰宝之地。

作为上海市肺科医院的前身，经过岁月的洗礼叶家花园虽然"垂垂老矣"，但立足城市更新理念，本次修缮通过"修旧如旧"保护性修缮，传承精神，使其焕发出新的光彩，不仅提高了建（构）筑物的安全性能，而且恢复了园林建（构）筑物的历史风貌，更提升了医院的整体环境，为医疗卫生建筑与历史文化遗产、海派园林的有机融合做出了很好的示范。

历史保护建筑的修缮是一种特殊的修葺技术，它需要勘察（检测）、设计、业主单位及施工单位都富有很强的责任心和一丝不苟的精神。而对建筑历史和人文的调查是保护、修缮工程的重要前提。越是翔实的历史

一、风貌再现——叶家花园修旧如旧示例

（一）旧时亭台——杨浦区文物保护单位

上海江湾历史文化风貌区面积 458 公顷。目前已完成了对江湾体育场、旧上海市政府大楼、旧上海市图书馆、叶家花园等的修缮工程。其中叶家花园保护修缮工程于 2021 年入选第二届上海市建筑遗产保护利用示范项目。通过对文物建筑的修缮维护，延续其历史文化价值，留住城市历史文脉。（图 3-1-1、图 3-1-2）

百年时光中，历经风雨而风采依旧，叶家花园如同一本厚厚的故事书，将曾经的风云变幻娓娓道来。每到春末夏初，入门即可见盛开的紫藤萝像帷幔，以一种遮天蔽日的气势，保

图 3-1-1　江湾历史文化风貌区示意图
（源自上海市杨浦区人民政府）

图 3-1-2　杨浦区文物保护单位——叶家花园

信息，越能对其价值有充分的了解，也越是能在模糊不清的历史信息（构件）面前作出更加正确的判断。

作为施工单位上海维方建筑装饰工程有限公司（以下简称维方建筑）在承接了叶家花园修缮项目后，感到肩负的使命和责任比以前更大、更重，该项目虽然工程量不算大，但由于各类建筑、铺装及构筑物都有不同程度的破损，在实地勘察中如何将用心筑就"修旧如旧"修缮理念落到实处，让文物得以完好留存并传承下去一直是维方建筑在施工中不断琢磨的问题和中心。修缮工作通过恢复原始面貌、景观提升改造、融合"红色文化"、追忆峥嵘岁月等思路进行，其间发生了很多鲜为人知的感人故事。同时，为保证工程安全地向前推进，施工中落实了各项制度，有效地保证了修缮过程中现场的安全文明施工和工程的安全、质量及进度全面受控。

2019 年 12 月 20 日，杨浦区文化和旅游局、承建单位上海维方建筑装饰工程有限公司及院方代表在荆州路 151 号会议室组织召开了杨浦区文化保护单位叶家花园保护修缮施工方案专家论证会。2020 年 1 月 6 日，上海市杨浦区文化和旅游局下达《关于叶家花园保护修缮施工方案的批复》；同年 1 月 13 日，杨浦区文化和旅游局下属单位杨浦区文物管理中心在叶家花园此组织专家现场踏勘，进一步完善和细化施工方案，全面展开修缮工程（图 3-1-3）。

自 2020 年 3 月 23 日启动修缮工作，经历半年多时间，2020 年 10 月 30 日叶家花园保护建筑修缮项目完成竣工验收。

经过修缮的叶家花园完美的呈现在我们面前。（图 3-1-4）

图 3-1-3　2020 年 1 月 13 日，叶家花园保护修缮施工方案专家论证会

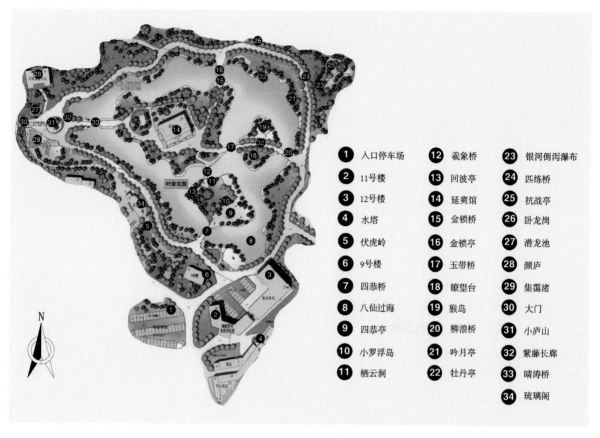

图 3-1-4　叶家花园平面示意图（沈红梅绘制）

❶ 入口停车场	⑫ 羲象桥	㉓ 银河倒泻瀑布
❷ 11号楼	⑬ 回波亭	㉔ 匹练桥
❸ 12号楼	⑭ 延爽馆	㉕ 抗战亭
❹ 水塔	⑮ 金锁桥	㉖ 卧龙岗
❺ 伏虎岭	⑯ 金锁亭	㉗ 潜龙池
❻ 9号楼	⑰ 玉带桥	㉘ 颜庐
❼ 四恭桥	⑱ 瞭望台	㉙ 集霭渚
❽ 八仙过海	⑲ 猴岛	㉚ 大门
❾ 四恭亭	⑳ 柳浪桥	㉛ 小庐山
❿ 小罗浮岛	㉑ 吟月亭	㉜ 紫藤长廊
⑪ 栖云洞	㉒ 牡丹亭	㉝ 晴涛桥
		㉞ 琉璃阁

（二）花开依然——廊架修缮与保护

从西侧门楼进入叶家花园，绕过小庐山即可见叶家花园的紫藤老干虬枝，古拙苍劲，盘根错节，闭上眼睛，光影绰绰，如梦如幻，仿佛可以穿梭百年。故人、故事已远去，唯有紫藤萝始终依偎在原地。

为了更好地保护紫藤、凌霄等攀缘藤蔓植物，在修缮施工前，经过实地勘查和评估，发现园内两处廊架有不同程度的风化，存在一定的安全隐患。

藤架更新修缮过程中，在保护、延续古藤风貌的前提下，在修缮加固原有藤架时，需保证不损坏藤条，这对维方建筑来说是一大考验。

抬眼望去，遮天蔽日，藤条有许多枝蔓相互缠绕，枝繁叶茂。施工设计中充分考虑竖杆与横杆之间的节点处理，浇注环节确保藤架稳定牢固，先把藤架吊高，架起后重新绑扎，在下面搭建脚手架，对廊架进行修缮，待廊架复原后再将架起的藤枝恢复原位，避免了紫藤因受到水泥、石灰等腐蚀而受伤。细节处都体现了施工单位修旧如旧的原则。

配合廊架的修缮，在满足安全与美观的基础上，完善了廊架附属基础设施，对地面地砖进行拆除，重做透水砖。为保持整体统一，假山及构筑物地面一致，透水砖采用蜂窝形状，铺贴方式按照原来的边形复原。另一处则采用长方形拼铺方式。修缮一新的廊架，与园内其他景色共同营造出和谐雅韵的氛围，也成为人

图 3-1-5　搭建脚手架对紫藤架作修缮处理

图 3-1-6　修缮后的廊架风貌

气 "聚拢" 地，人们在这些绿色爬藤植物廊架下其乐融融。（图 3-1-5、图 3-1-6）

（三）风采依旧——复原桥廊与栏杆

延爽馆前的羲象桥，桥体灵巧精致，扶手和立柱的表面为水刷石。在修缮过程中，维方建筑的工匠们通过清洗基层，发现原桥体装饰面采用的是水磨石工艺。由于年代久远，没有图纸作参考，为了最大限度地还原老建筑的原有风貌，"修旧如旧" 过程强调风貌原真性和功能可持续性的兼顾，哪怕在修缮过程中人力和时间成本成倍增加，也要做到精益求精。按照原样复原，首先得小心翼翼地铲掉水刷石，

露出水磨石，还原到最基层。最早的水磨石因为岁月的洗刷，出现风化，表面高高低低，非常不平整。工匠们仔细全面地勘查，并划出需修理的部位，根据不同的损坏程度制定不同的修理方案。按照传统水磨石工艺还原到最终的栏杆高度，达到了复原的目的。

栏杆被称为古建小作之精华，园林栏杆不仅起到安全防护作用，也是重要的建筑装饰，是园林景观构成的重要手法之一，更是文人墨客青睐的寄情意象。叶家花园的桥中西合璧，故也加入了现代栏杆的材质和形式，如曲线式、折线式、波浪式等形式灵活自由。羲象桥的竖向铁艺栏杆也有异曲同工之妙，此次修缮通过清理栏杆表层垃圾后重新上漆

图 3-1-7　修缮前的羲象桥栏杆

图 3-1-8　修缮后的羲象桥栏杆

图 3-1-9　修缮后的羲象桥铁艺栏杆

修整，桥体恢复了原有精致的模样。（图 3-1-7 至图 3-1-9）

（四）如旧焕新——鱼鳞瓦修缮与复原

抗战亭位于叶家花园东北角的半山坡上，亭子最为特别的是顶上的瓦片，金色的瓦状若鱼鳞，外形成长方体并自带凹槽，非常符合南方多雨季节排水的要求。整体呈现中式外观风格，其结构和材料则是现代式的。

在修缮前期的考证调查中，对抗战亭现状进行了综合评估：顶部严重损坏，瓦片上的裂痕清晰可见，宝顶开裂，同时在亭子其他部位均有不同程度的破损，如台阶缺零掉角、饰面油漆脱落、立柱柱身开裂等，恐将失去亭子的真实原貌。

通过残片清理，发现瓦片的形状和图案年代久远，经严格查找历史资料，多次考证与论证后，确定抗战亭屋面所存瓦片均为后期翻做的水泥瓦。修缮工程严格遵循"修旧如旧"的原则，不改变当下呈现的风格和整体样式进行重新定制、更换瓦片。在前期修缮中，对屋面瓦顶的现状做记录，对构建进行编号、取样，定制小样，组织专家评审，而后再组织施工。并采用泥塑、彩绘等传统工艺重新复原抗战亭的亭帽。

本着不忘历史、挖掘历史的宗旨，在复原抗战亭本来面貌的同时，还将这段中华民族英勇抗战的历史做成瓷板，嵌于抗战亭前，成为抗日将士的丰碑永远伫立在此地。

2020 年 1 月 13 日，由杨浦区文旅局组织专家到现场踏勘，确定此次修缮恢复陶土板瓦，颜色为砖红色，亭脊也做陶土工艺一并加工，尺寸、样式、铺贴的规则按照现状复原。宝顶做陶瓷工艺，拆除美人靠及后期加建的挡墙，剥除缺失立柱油漆，凿除损坏严重的表面，恢复原有水刷石饰面。

修缮一新的抗战亭，屹立山岭，高旷轩敞，四周古木森郁，清翠欲滴，左右石径皆出于林荫之间，亭瓦铺地红红火火，引人注目，如火塔独一无二，亭旁的瓷板独点其妙，催人奋进。仔细观察，鱼鳞瓦铺屋顶整齐有序，无论是阳光明媚的夏天，还是白雪皑皑的冬日，鱼鳞瓦优雅的线条，片片层层的瓦铺陈而开，金光闪闪，神圣庄严，看上去很特别，再加上着色亮丽的宝顶耀眼夺目，构成了屋顶上的别样风景。（图 3-1-10 至图 3-1-13）

（五）匠心接力——亭帽修缮与复原

叶家花园内的亭充满江南古典园林气质且中西合璧，极具特色，是园中主要风景之一。岁月变迁，一代代匠人接力修缮保护、传承发展，初心不变。如今园内的六座亭台已得到较好的保护与传承，融合院方的工作体系，融入当代生活，更好地提升了园林的价值。

在古建筑物上绘制装饰画，不仅美观，而且有一定的防水性，可增加建筑物寿命。运用色彩对建筑进行对比和调和，可使建筑本身变得活泼而灵动。建筑的主体一般使用如朱红色等暖色，而房檐下的阴影部分多以蓝绿的冷色相配，如此更强调了阳光的温暖和阴影的阴凉，形成一种悦目的对比。而冷色之间加入少许红点，既彰显建筑的活泼，又增强了装饰效果，这和敢于使用色彩与中国建筑的木结构体系是分不开的。由于木料不能长久使用，为了达到实用、坚固和美感相结合的效果，中国建筑在很久以前就采用涂漆等办法对木质进行保护，成为古代宫殿不可缺少的装饰艺术，流传至民间广泛使用于建筑之上。其中苏式彩画就是一种广泛使用于江南一带的民间传统工艺，常见

图 3-1-10　修缮前的抗战亭俯视图

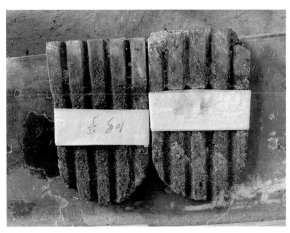

图 3-1-11　修缮前的抗战亭瓦片取样

图 3-1-12　抗战亭修缮前后对比

图 3-1-13　修复后的抗战亭鱼鳞瓦

于园林中的小型建筑，如亭、台、廊、榭以及住宅、垂花门的额枋上。

在"守旧"中，匠人不忘大胆创新，完美地保护了建筑文化的传统性和美观性。修复破败不堪且存在安全隐患的亭脊时，利用传统方式并结合现代工艺，邀请专家现场查看、指导，做样品、制坯，重新雕塑彩绘。如今园内的亭帽上的吉祥物装饰更适合游人观赏，如金锁亭的雄鸡威风站立、牡丹亭的孔雀优雅屹立，焕发出夺目的光彩。宝顶的修缮技艺包括泥塑、彩绘等，采用传统手工艺，无不体现精益求精的工匠精神。

如今，在维方建筑已经聚集了诸多具有传统技艺的工匠。技术人员包括高级工程师在内的团队，力求打造一个建筑保护传承的"人才库"，守住匠心，创新活化传承，把中国的传统技艺不断发扬光大。（图3-1-14、图3-1-15）

图 3-1-14　额枋挂落修缮

图 3-1-15　修缮一新的亭帽

历史上的猴岛已没有顽猴嬉戏，防空洞已经成为景观通道抑或是已被遮蔽。2020 年开始的修缮工程为叶家花园建园以来最大的保护修缮工程，主要包括对 9 号楼、西入口门楼、两幢建筑物以及 5 座小桥和 6 个亭子等构筑物的修缮。（图 3-2-1）

二、创新传承——叶家花园修缮工艺述要

叶家花园作为一座历史悠久的百年海派园林，历史上曾经多次改建翻修，但由于长期未进行系统性修缮与保护，亭、榭、楼、桥出现构件腐烂、白蚁侵蚀、屋面渗漏、桥梁锈胀、桥墩开裂等情况，急需整治。至本次保护性修缮前，园内有个别建筑、亭桥、廊架等保留良好，但建筑使用功能已有改变，如延爽馆已改建成医院院史馆，琉璃阁改建成医院会议室，

在修缮过程中充分尊重并保存文物建筑原有结构、用材及色泽等历史信息，尽量使用原材料、原工艺、原色彩、原法式是此次修缮工程的设计和施工指导原则。为了给今后历史建筑修缮积累经验，施工方与院方监管中心积极安排人员在施工现场采用拍照、摄像等方式，全程跟踪采集工程影像图文资料，并实时收档。正如修缮的过程同样成为建筑历史的一部分，历史信息的保存也可以修缮中采用的材料为载体。在修缮过程中，有不少腐烂的构件都要修

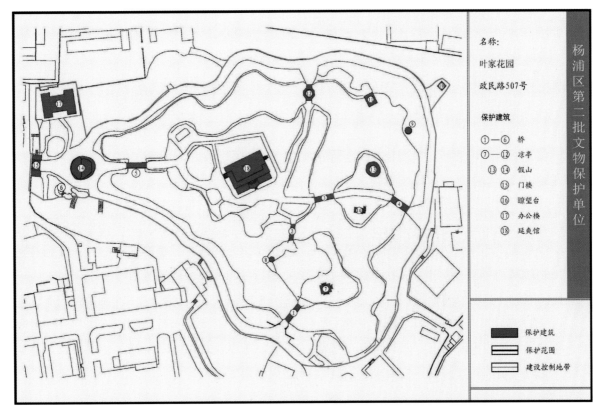

图 3-2-1 叶家花园修缮保护范围平面示意图

补或更换，凡是更换添加的部分，修缮人员都会根据不同的材料，做好标识，以备后人查考。

叶家花园的修缮以"保护为主、抢救第一、合理利用、加强管理"为指导策略，对园内进行保护、整饬与更新，在"原状恢复"历史建筑的同时，为老建筑注入新内涵，使之得到延续传承，也更强调整体人居环境、公共设施的渐进式改善，反映了城市更新理念上的丰富与进步。对叶家花园的任何修复都建立在考证和历史研究的基础上，按照建筑物原有的特征、材料质地、工艺进行修缮，保证其真实性。花园内的桥梁建筑距今已有近百年，桥梁遭受自然侵蚀，混凝土产生碳化现象，梁底钢筋均已锈蚀，修缮过程中始终以"安全为主"，确保主体结构安全，使用过程排除安全隐患。同时，对于有些桥梁栏杆间隔过大的现象，在征得文保专家认可的前提下，对于栏杆的间隔进行了加密，杜绝了行人落水的安全隐患。一座文物建筑存留至今，历经多个时代并存留有多个时期的历史信息。本次修缮所采用的材料、工艺、施工技术等，在"不改变文物原状"的大原则下与文物原位置有所区别，并能分辨出现代修复的痕迹。

叶家花园内的水磨石、琉璃瓦修缮过程中聘请古建筑专家参与定样、工序验收、过程监控等长期指导与管控，做到事前、事中、事后质量控制。在整体修缮过程中，为了让那些历史文化符号鲜明的老建筑呈现其真实原貌，团队成员殚精竭虑，请专家、工匠对比调色、打磨、修补嵌缝，确保与原物的一致性。

设计方案、施工图纸是施工指导文件，它承载着设计者的理念和心血。本项目在进场前的施工交底会上得到了设计单位对设计方案、图纸的详细交底，并深刻了解设计意图，全面地掌握图纸内容，施工单位提出合理化的施工建议。小样制作后，报主管部门组织专家确定检验合格后，方可大面积施工。

修缮工程中采取先保护后拆除、先加固后改建、先土建后装饰的施工原则，先测绘、拍照对现场保护部位进行防护，然后进行结构加固及土建施工，同时进行外墙及保护构件的修缮，最后进行室内装饰及安装工程。

建筑的修缮前期，施工勘察充分了解建筑的历年结构、装饰的变动、结构的损伤、构件的病害等，正确地制定出合理、切合实际的修复方案，有针对性地组织施工。

施工过程中结合考证，对缺损部分作了必要的修复，同时解决了文物本体普遍存在的梁柱露筋、立面缺损等结构安全问题，提高了文物耐久性，延长了使用年限，采用传统修缮工艺，工程质量符合相关要求，整体符合文物保护工程的验收标准，且留有完整翔实档案记录。

本次修缮中最重要的原则可总结为四个字：留、修、独、美。留即留住脚步、留住目光、留住情感、留住记忆；修即修残补缺、修新如旧、修旧如旧、修旧如故；独即独特意匠、独特景观、独特故事、独特体验；美即体验之美、建筑之美、景观之美、真情之美。

叶家花园是上海市肺科医院文脉传承和延续必不可少的载体，要让它和谐地融入现代医院的运行当中，应赋予建筑无尽的生命力。走近叶家花园，绿水旁的虬枝古树苍然而立，从容而坚毅。百年古树气势磅礴，挺拔枝干直指苍穹。那是见证了时代变迁、岁月峥嵘后酝酿而生的处变不惊。

（一）桥亭修缮——以金锁桥亭为例

1. 整体概况

叶家花园内一共有六座凉亭。经过对构筑物完损状况调查，发现存在凉亭的钢筋混凝土构件中部分钢筋锈胀及保护层脱落、屋面瓦片松动脱落、顶板粉刷层起皮脱落及渗漏霉变、踏步缺零掉角、扶手严重锈蚀、木构件腐朽变形等现象。

园内各桥的损坏情况基本相同。由于桥梁使用年限过长，沉降导致桥面和造型结构出现大量裂缝和少数破损，为保持原有桥梁结构，需有计划、有步骤地对各座桥体进行加固修缮，延长桥的使用寿命。经检测，六座桥中有四座桥需要结构加固，其余两座桥需要中修或大修。

桥梁主要存在桥底梁板及支座处钢筋锈胀严重及保护层脱落、道路与桥连接处开裂、混凝土构件钢筋锈胀及保护层脱落、桥身渗漏霉变、扶手开裂等现象。（表3-2-1）

2. 修缮工艺

以金锁桥亭为例，亭子及桥梁整体平面呈不规则形，跨度为9.0m，宽度为5.9m，南北走向。桥中部有一座单层正八边形砖混结构房屋，边长为1.6m。室外地坪至檐口为3.1m。地坪采用水泥地坪。亭子竖向采用0.24m小青砖墙体承重，屋面为琉璃瓦屋面。桥梁采用三根截面为0.250m×0.5m的钢筋混凝土梁承重。

表3-2-1　叶家花园亭子概况

亭子名称	四恭亭	回波亭	吟月亭	抗战亭	牡丹亭	金锁桥亭
平面形式	四角亭	六角亭	圆亭	四角亭	四角亭	八角亭
屋面	琉璃瓦	平瓦	混凝土	鱼鳞瓦	小青瓦	琉璃瓦
屋脊宝顶	玉兔、龙首、仙鹤	琉璃葫芦宝顶	琉璃葫芦宝顶	琉璃葫芦宝顶	孔雀	白鸽、鲜花枝蔓、鸡
额枋、挂落等	彩画（福寿、仙人、凤凰、蜻蜓图案）	/	/	/	彩色额枋、木挂落	/
柱	水磨石	水刷石	水刷石	水刷石	水刷石	水刷石
栏杆（美人靠）	水泥粉刷	铁艺栏杆	铁艺栏杆	/	水泥栏杆	水刷石
地面（图案）	水磨石	水磨石	水磨石	水泥花砖	水磨石	水磨石
	圆形回纹	六卦太极图	跑马图	多边形图案	荷花	多边形图案
门窗	/	/	/	/	/	木门窗（彩色玻璃）

金锁桥亭及桥梁主要存在桥底梁板及支座处钢筋锈胀严重及保护层脱落多处，面积约为6m²；桥身渗漏霉变、桥面存在通长裂缝；亭子外墙墙脚返潮霉变、亭子木结构破损腐朽，顶板粉刷层起皮脱落、玻璃缺失等现象，存在危险点。重点保护屋面瓦片、宝顶、屋脊，立面线脚、水刷石花饰、木门窗，水磨石内墙面、水磨石地面。（图3-2-2至图3-2-5）

南侧桥面装饰层存在一条东西向通长裂缝，需提前清除桥面基层，采用压密注浆工艺修补原开裂部位。先清除表面破损混凝土，遇钢筋锈蚀较轻时，对局部锈胀钢筋做防锈处理，并喷涂灌浆料修补保护层脱落部位。遇钢筋锈蚀情况较严重时，凿除原有构件，重新布筋，构件重做或者粘贴碳纤维加固。廊架混凝土柱和梁构件普遍存在开裂破损现象，采用压密注

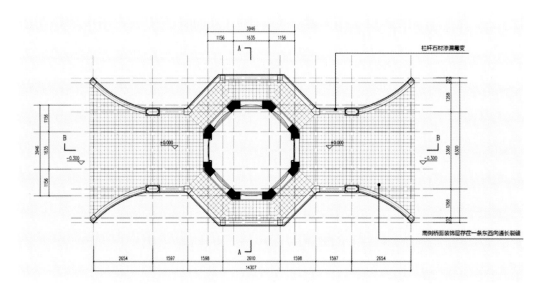

图 3-2-2　金锁桥亭修缮前状况分析图：平面图

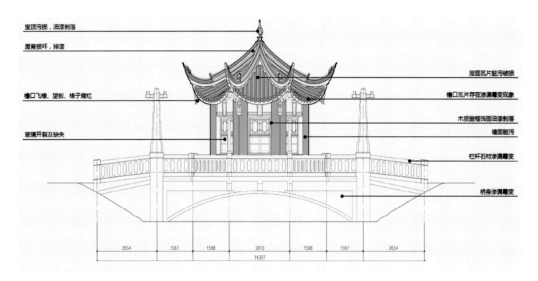

图 3-2-3　金锁桥亭修缮前状况分析图：立面图

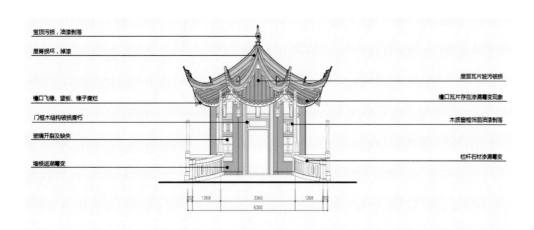

宝顶污损、油漆剥落
屋脊损坏、掉漆
檐口飞椽、望板、椽子腐烂
门框木结构破损腐朽
玻璃开裂及缺失
墙根返潮霉变

屋面瓦片脏污破损
檐口瓦片存在渗漏霉变现象
木质窗棂饰面油漆剥落
栏杆石材渗漏霉变

图 3-2-4　金锁桥亭修缮前状况分析图：侧立面图

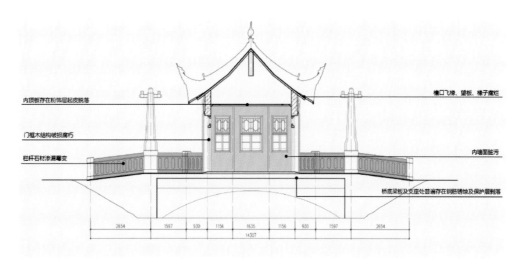

内顶板存在粉饰层起皮脱落
门框木结构破损腐朽
栏杆石材渗漏霉变

檐口飞椽、望板、椽子腐烂
内墙面脏污
桥底梁板及支座处普遍存在钢筋锈蚀及保护层剥落

图 3-2-5　金锁桥亭修缮前状况分析图：剖面图

图 3-2-6　修缮前的金锁桥亭

图 3-2-7　历史照片上的金锁桥亭

浆工艺修补原开裂部位或者重新制作构件。

园内的桥在修缮之前，结构整饬前都要经过仔细勘察、安装预防性保护支架，进行整体性支撑。工作组首先在桥梁下部设置预防性保护支架，以牺牲性保护材料加固桥梁结构构件相互衔接的节点部位。再从桥体两侧同时拆卸并修缮桥面结构。（图3-2-6至图3-2-8）

工作组还提出了工程监测方案，全过程对桥体结构进行稳定性监测，以防修缮过程中结构的形变与失稳。在保护过程中对牺牲性材料的性能进行检测，从而判断是否达到设计要求。（表3-2-2、表3-2-3）

3. 桥梁结构修缮

桥梁是中国古代建筑的重要组成部分，江南园林里的桥，精雕细琢，古朴沧桑，在时间长河中承载了丰富的历史信息，每座桥都有一段感人的故事。

施工单位重视传统工艺的传承，采用高新

表3-2-2　金锁桥亭修缮清单

序　号	修缮部分	修缮内容
1	屋面	琉璃瓦
2	屋脊/宝顶	白鸽、鲜花枝蔓、鸡
3	柱	水刷石
4	栏杆	水刷石
5	地面（图案）	水磨石（多边形图案）
6	门窗	木门窗（彩色玻璃）

表3-2-3　金锁桥亭修缮小样制作

序　号	样品名称	说　明
1	琉璃瓦	按照现场翻模式样定制
2	垂脊花饰、脊兽及油漆颜色	按照现场翻模式样定制
3	木门窗油漆	/
4	彩色玻璃、木窗五金件	定制加工
5	水刷石外墙面	/
6	水磨石内墙面	/

图 3-2-8　修缮前的金锁桥亭及局部

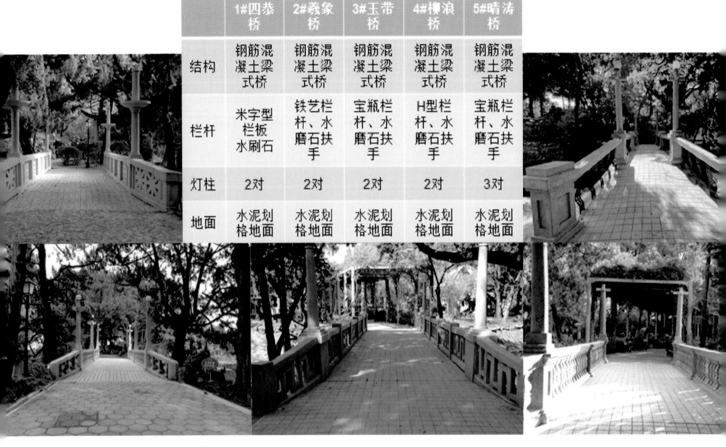

	1#四恭桥	2#羲象桥	3#玉带桥	4#橹浪桥	5#晴涛桥
结构	钢筋混凝土梁式桥	钢筋混凝土梁式桥	钢筋混凝土梁式桥	钢筋混凝土梁式桥	钢筋混凝土梁式桥
栏杆	米字型栏板水刷石	铁艺栏杆、水磨石扶手	宝瓶栏杆、水磨石扶手	H型栏杆、水磨石扶手	宝瓶栏杆、水磨石扶手
灯柱	2对	2对	2对	2对	3对
地面	水泥划格地面	水泥划格地面	水泥划格地面	水泥划格地面	水泥划格地面

图 3-2-9　五座桥修缮概况

技术与传统工艺相结合的方式进行了修缮。叶家花园内五座桥在原有基础结构上做修复，装饰面层利用现有真石漆技术调配接近原水磨石效果，进行装饰面整体制作，铲除原有水泥地面，按原有造型颜色进行铺设。

其中金锁桥桥底梁板及支座处普遍存在钢筋锈胀及保护层脱落现象，桥梁遭受自然侵蚀，混凝土产生碳化现象。当碳化超过混凝土的保护层时，在水与空气存在的条件下，就会使混凝土失去对钢筋的保护作用，钢筋开始生锈。因此采取结构加固设计注浆或者重新浇筑保护层混凝土。

通过凿除疏松的混凝土，对钢筋进行除锈、阻锈处理，对原有混凝土涂刷硅烷浸渍保护剂以阻止混凝土进一步碳化，对混凝土梁及支座采用灌浆料增大截面处理。桥底加固、修补完后，涂刷防碳化防水涂料。（图3-2-9至图3-2-13）

图 3-2-10　凿除原桥底梁板锈胀严重的钢筋

图 3-2-11　桥梁结构加固植筋

图 3-2-12　桥梁结构加固植筋、支模

图 3-2-13　支模、浇筑混凝土

4. 桥面地坪修缮

北侧桥面装饰层存在一条南北向裂缝，缝宽0.05m，这是桥面与桥台之间产生不均匀沉降导致。地面上有导轨痕迹，原因可能是后期安装铁门，隔绝游人登岛所致。桥面因使用时间较长，造成自然磨损。水泥地面存在坑洼、破损和部分地面方格花纹大小不一等现象。水泥地面在多个时期进行过修补，施工的材料、工人施工方法不同，导致地面色泽不同、方格花纹大小不一。

拆除桥面上后期安装的导轨。结合桥底梁板加固，凿除桥面水泥砂浆装饰层至结构层，结构面凿毛涂刷硅烷浸渍保护剂，增加单层双

图3-2-14　对原桥面破损裂缝处凿除、钢筋焊接、灌浆料浇筑处理

向钢筋并浇筑厚度为4cm的混凝土叠合层。桥台底部采用双液注浆工艺解决不均匀沉降。桥面水泥砂浆饰面按照原有花格方式重做，桥台与桥面分割处留伸缩缝。（图3-2-14）

水磨石饰面修缮，采用以水泥为主要原材料的复合地面材料，水磨石平整光洁，素净而大方。水磨石地坪修补磨光是比较成熟的施工工艺，但是要使修补磨光后的水磨石地坪具有焕然一新的感觉，却并不容易。（图3-2-15）

水磨石地面施工工艺流程：基层处理—浇水润湿—拌制底灰—冲筋及踢脚板找规矩—铺抹底灰—底层灰养护—镶分格条—拌制石渣灰—铺抹石渣灰层—养护—磨光酸洗—打蜡。

对园内的多个凉亭运用水磨石饰面进行修缮。如四恭亭内的圆形回纹图案、牡丹亭内的荷花图等。水磨石翻新后见不到裂缝，且经修补后的裂缝表面与周围水磨石无色差或色差很小。

水磨石修缮的施工过程为：裂缝修补—机械磨光—补色处理—涂保护剂。

修缮前对桥面栏杆进行了评估，主要存在栏杆线条缺损、灯柱开裂、饰面缺损的情况，桥栏杆也存在绿苔、霉变、污垢等现象，还有因后期磕碰或桥台与桥面的不均匀沉降挤压造成的线条开裂、破损等。共有四个大灯柱、二个小灯柱柱头开裂起壳，柱身局部破损、剥落。原因是花园内有湖，潮气重，容易霉变、附着微生物及污垢。

栏杆修缮内容为外露钢筋除锈，先剔除周边薄弱混凝土，再用混凝土修补。表面凿毛涂刷界面剂，新做水磨石。用清水、尼龙刷、海绵擦洗，局部清洗不干净的部位，用中性清洗试剂擦洗，同时做好污水处理，避免产生污染。增加栏杆表面涂刷憎水剂，阻止绿苔、霉变、污垢等附着。（图3-2-16、图3-2-17）

图 3-2-15　新做水磨石地面

图 3-2-16　凿除原栏杆水泥砂浆装饰层、抹灰修补栏杆

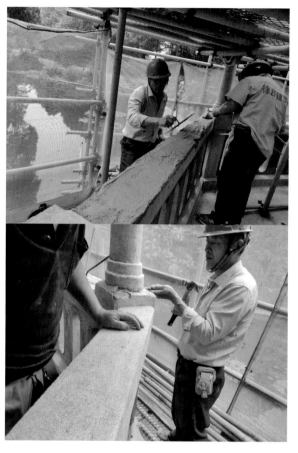

图 3-2-17　栏杆抹灰修补、桥面勾缝

5. 屋面修缮工程

金锁桥亭为八角亭，屋面为攒尖顶、琉璃瓦，檐口有滴水瓦当，攒顶有金鸡宝顶一个、宝顶底座有龙首装饰四个，每条垂脊两侧分别有一对枝叶、花饰图案和一个鸽子脊兽，每个起翘上各有一个龙云装饰。

首先，采用"揭瓦亮椽"的方式对屋面进行全部修缮。由于自然破损导致屋面漏水、筒瓦残缺，再加上后期翻修，导致瓦片规格、色泽不统一，混杂着后期添补的绿色琉璃瓦、小青瓦底瓦、黄色琉璃瓦底瓦等。本次修缮对屋面进行了拆除和翻修，恢复缺损的出檐。在揭除屋面瓦件之前，先做好瓦件现状记录及残损情况记录。瓦件拆卸后放在安全场地，分类码放整齐。对拆除下的瓦件精心挑选，完整坚固者用于修补各屋面屋脊，其余保存完好的瓦件用于屋顶重新铺设，对于缺损部位使用与原瓦件同型号和尺寸的瓦件进行补配。

其次，对屋面木椽及其他木构件进行检查，对腐朽较严重的予以更换。木椽及椽剟或其他部分腐朽者一律废弃，不腐朽者经整理修补，用于他处更换其他糟朽构件。新椽子木质为杉木，木椽连接及固定方法与原做法相同。

而后，屋面拆除后重新铺设新筒瓦。用水泥修补损坏屋脊，补充其中缺损的屋脊。更换所有飞椽、望板，吊顶拆除后更换霉烂椽子，饰面色彩按原状恢复。（图 3-2-18）

图 3-2-18 金锁桥亭屋面修缮前后对比

6. 琉璃瓦施工工艺

琉璃瓦上有釉的一面光滑不吸水，其良好的防水性可以保护木结构房屋。釉的颜色有黄、绿、黑、蓝、紫等，经过高温烧成的上釉瓦富丽堂皇，经久耐用。长期实践形成了我国南北方不同的地域色彩风格。

我国北方的建筑多运用色彩丰富的琉璃瓦，特点鲜明而活泼，再加上彩画使其色彩非常丰富，金碧辉煌，红墙绿瓦在绿树蓝天的衬托下绚丽多姿。而江南一带的民居和园林寺庙则以朴素淡雅色调为重。因此普遍多用青灰瓦，在丛林翠竹及青山绿水间清新秀丽、恬静安适，充满了山林趣味。（图 3-2-19）

屋面修缮工程采用水泥混合砂浆作为卧瓦层。屋面板和防水层施工采用盖条方式搭接，特别注意施工成品保护。铺盖琉璃瓦是整个修缮工程的点睛之笔，也具防水的重要作用。因此施工中严格按照设计和施工操作规范，确保工程施工质量。

琉璃瓦施工工艺流程：清理基层—找平砂浆卧瓦层—施工放线—挂线—铺瓦—清理。（图 3-2-20 至图 3-2-23）

图 3-2-19 修缮后的金锁桥亭屋面

图 3-2-20　亭面卸瓦、更换原屋面板

图 3-2-21　亭面铺设防水卷材、挂瓦条、铺瓦施工

图 3-2-22　屋脊制模、抹灰修补

图 3-2-23　屋脊抹灰修补

7. 泥塑施工工艺

泥塑是江南园林典型的装饰元素，彩绘泥塑从制模到勾线，从上色到成品，整个过程皆为手工制作，每个泥塑都是独一无二的，体现着工匠们的坚韧和智慧。彩绘泥塑的制作流程包括和泥、擀泥饼等十个环节。（图3-2-24）

叶家花园内的金锁桥亭、牡丹亭等泥塑年久失修、破损缺失，特邀修缮团队的"老法师"——非遗手工艺人进行修复。

此次重点修缮的雄鸡泥塑和仙鹤泥塑，根据老照片还原宝顶上的装饰，采用传统的工艺塑性，让百年前的巧思精工仿佛搭乘时光机来到了世人眼前。（图3-2-25至图3-2-28）

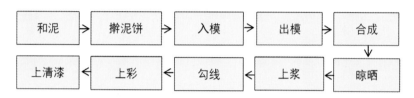

图 3-2-24　彩绘泥塑的制作流程

图 3-2-25　金锁桥亭宝顶重塑修缮

图 3-3-26　牡丹亭宝顶重塑修缮

图 3-2-27　金锁桥亭宝顶重塑后效果

图 3-2-28　牡丹亭宝顶重塑后效果

8. 大木作工程

金锁桥亭的屋面大木作是我国传统建筑营造的核心技艺，也是古代中国木构架建筑的主要结构部分，由柱、梁、枋、檩等组成。

大木作修缮工程实施前，针对木结构主要节点进行了周密检查，如屋架的端节点、桁条及椽子的搁支点，柱梁之间的榫接点，以及附墙木柱的内侧面、柱脚的腐朽、蛀蚀等。对木

图 3-2-29　金锁亭修缮前大木作结构状况

结构的屋架、梁、柱、檩条等出现局部的腐朽、虫蛀、开裂等，通过承载力验算，及时采取了加固措施。

采用同类材料对外露的结构及构件的损坏进行局部修接的方法加固，做到不擅自改变原有设计样式，不改变相邻构件受力关系。对木结构的结构体系、连接构造和设计方法的多样性予以充分的保护。

对隐蔽的结构，根据损坏程度和使用安全要求，必要时变更其结构形式，采用新材料进行修换。对梁枋上的木雕，无害且轻微破损处保留现状，不再另行修补，仅喷涂无色、透明的亚光化学保护层。对脱落破损的单个雕刻构件，按照残留相同构件的形式和雕饰工艺予以补配，图样可参考设计大样图。原有木构件按原传统工艺涂刷两遍桐油，新更换的木构件在刷桐油前先刷一遍底漆做旧。（图 3-2-29、图 3-2-30）

图 3-2-30　木屋架更换、批腻子

9. 门窗工程

对破损缺失的部分门窗，或更换破损门框、门扇，或新做木门、补充玻璃、补齐五金件。木窗花饰与玻璃按原样定制加工，补齐缺失部位。（图 3-2-31 至图 3-2-33）

图 3-2-31　金锁桥亭修复前的门窗

图 3-2-32　新做木门、批原子灰、上涂料

图 3-2-33　金锁桥亭修复后的门窗

（二）建筑施工——以9号楼为例

叶家花园9号楼后期曾经过修缮。楼房整体平面呈矩形，东西向轴线长度为15.6m，南北向轴线长度为9.1m。房屋开间尺寸为3.9m，进深尺寸为4.2m、7.5m。室内外高差为0.45m，一层室内地坪至檐口高度为3.25m，室外地坪至檐口高度为3.7m。房屋采用铁门、铁窗等，室内地坪采用地砖。房屋主入口在房屋南侧。（图3-2-34）

9号楼房屋为单层砖混结构，竖向主要采用0.24m厚小青砖墙体承重（3轴采用木屋架承重），外墙设有圈梁，无构造柱；屋面为坡屋面，具体做法为：横（山）墙到顶、墙顶或木屋架上搁置木檩条、木望板和小青瓦。据调查了解，房屋采用墙下条形基础。

经检测，9号楼主要存在屋面木构件腐朽严重及檐口大面积脱落、外墙粉刷层脱落、内墙渗漏霉变及粉刷层起皮脱落、阳台扶手混凝土断裂等情况；门楼主要存在新老墙体交接处开裂、不均匀沉降引起的斜裂缝、墙体渗漏霉变及粉刷层起皮脱落、梁底钢筋锈胀及保护层开裂、钢筋锈胀及保护层脱落、木窗框腐朽脱落、外墙空鼓严重、木格栅腐朽松动等现象，局部存在安全隐患。

造成房屋损伤的原因主要有以下两点：第一，墙脚返潮及粉刷脱落是房屋墙体防潮层失效及缺乏修缮所致；第二，屋面木构件腐朽脱落、吊顶及墙体渗漏霉变是屋面木构件及防水材料老化、屋面渗水所致。

经过研究，修缮工程具体如下：

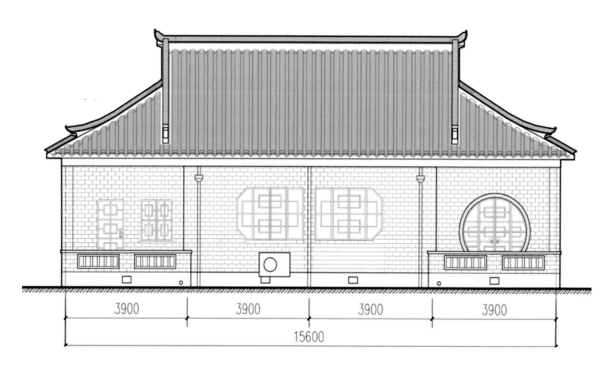

图3-2-34　9号楼立面图

屋顶檐口翻新重做，排水沟重做；建筑墙体面层清洗，修复破损青砖立面；建筑门窗更换；清洗地面，修复原有地面铺装。（表3-2-4、表3-2-5）

表 3-2-4　9 号楼建筑修缮概览

序号	分部工程	子分部工程	分项工程
1	主体结构	混凝土结构	钢筋除锈、灌浆修补
		砌体结构	砖砌体
2	建筑装饰装修	地面	地砖、水磨石地坪
		抹灰	一般抹灰、装饰抹灰
		门窗	木门安装、金属门窗安装、门窗玻璃安装
		饰面板（砖）	饰面砖粘贴
		涂饰	水性涂料涂饰
		细部	扶手和栏杆制作与安装
3	建筑屋面	卷材防水层面	保温层、找平层、卷材防水层、细部构造
4	建筑给水、排水	室内给水系统	室内给水管道及配件安装，室内灭火器安装
		室内排水系统	室内排水管道及配件安装、雨水管道及配件安装
		卫生器具安装	卫生器具及给水配件安装、卫生器具排水管道安装
5	建筑电气	供电干线	电线、电缆导管和线槽敷设电线、电缆导管和线槽敷线，电缆头制作、接线和线路绝缘测试
		电气照明安装	照明配电箱安装，电线、电缆导管和线槽敷设，电线、电缆穿管和线槽敷线，电缆头制作，接线和线路绝缘测试，普通灯具安装，专用灯具安装，开关、插座、建筑物照明通电试运行
		防雷及接地安装	接地装置安装，避雷地下线，建筑物等电位连接
6	通风与空调	送排风系统	风管与配件制作，部件制作，风管系统安装，风机安装，系统调试
		空调风系统	风管与配件制作，风管系统安装，消声设备制作与安装，风管与设备防腐，风机安装，风管与设备绝热，系统调试

表 3-2-5　9 号楼小样制作清单

序　号	样品名称	备　注
1	外门窗、五金件	
2	封檐板	
3	水磨石地面	定制加工

1. 仿清水砖饰面施工工艺

清水墙砖作为古老的建筑装饰材料，无须表面的装饰，就能把美体现得淋漓尽致。仿清水砖墙工艺的修缮施工方案是在不破坏原有墙体基础、保留部分墙体历史原貌的条件下，使用现代材料、技术与传统施工工艺相结合，通过设计、加固、拆砌、局部修补等施工工艺，使修缮后的老墙体更加稳固、耐久，留存其较完整的历史风貌。（图 3-2-35）。

9 号楼原有建筑清水墙砖保存较为完整，故本次修缮仅采取清洗加局部修复的方案。

墙体修缮工程对现有砖墙进行查看，拆除改动过和风化严重的部分墙体。对于拆除下来的墙砖经挑选后，完整坚固者用于墙体的补砌，不足的部分按照原来的尺寸到厂家定制补砌。（图 3-2-36 至图 3-2-40）

砖墙补砌时，按原砌法用相同规格的青砖进行砌筑，新旧墙接茬处砌砖时灰浆要饱满，接茬应严实顺直。对于破损较轻的砖墙可采用砖粉修补法进行修缮。对外墙距离地面二至三皮砖做水平防潮层，采用化学注射法工艺修复避潮层。

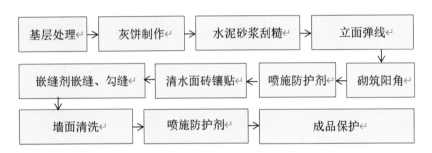

图 3-2-35 仿清水砖墙施工工艺流程

图 3-2-36 修缮前的 9 号楼

图 3-2-37　用水泥砂浆刮糙外墙

图 3-2-38　用嵌缝剂嵌缝、勾缝

图 3-2-39　清洗墙面

图 3-2-40　修缮后的 9 号楼（刘仲善摄）

2. 小青瓦施工工艺

小青瓦具有素雅、沉稳、古朴、宁静的美感，一般取自黏土，天然本色，质地细腻，可就地取材，造价低廉。青瓦承袭了三千年的建筑历史，经历了形式大小和工艺演变，以其美观、质朴、防雨保温之优点，成为中国传统建筑必不可少的主材之一。小青瓦常以交叠方式铺设屋顶，隔热性能良好。小青瓦屋面施工主要涉及叶家花园内9号楼屋面。（图3-2-41）

屋面铺设小青瓦的施工流程：铺瓦准备工作—基层检查—上瓦、堆放—铺筑屋脊瓦—铺檐口瓦、屋面瓦—粉山墙披水线—检查、清理。

小青瓦屋面施工坡面需要保持平整，屋脊做好后，在山头平放一叠瓦封头，两边向筑脊至中央合拢，自下而上铺瓦，并及时清扫瓦面、瓦楞。（图3-2-42至图3-2-45）

图3-2-41 修缮前的9号楼屋顶小青瓦

图3-2-42 铺瓦准备

图 3-2-43　铺筑屋脊瓦

图 3-2-44　斜屋面挂瓦施工

图 3-2-45　修缮后的小青瓦屋面

3. 门窗施工工艺

修缮前部分门窗破损缺失。原门窗多采用宫式门窗挂落，寓意福泽绵长。

门窗施工流程：检查洞口—埋预埋件—安装门框和木龙骨—安装基层板—贴饰面板—安装收口线—安装门窗脸线—调整安装门及门锁检验—拆除五金件、对门编号后油漆—安装。
（图 3-2-46 至图 3-2-48）

图 3-2-46　拆除 9 号楼破损门窗

图 3-2-47　安装门框和木龙骨

图 3-2-48　修缮后的门窗

4. 风管施工工艺

施工图经图纸会审、设计单位向安装单位作技术交底后，施工人员再向施工班组进行技术交底，明确风管的制作尺寸，采用的技术标准、接口及法兰的连接方法等。

风管施工流程：根据设计要求、图纸会审纪要、施工规范等技术文件，结合现场绘制作风管加工草图。制作的材料符合设计要求，并具有出厂合格证和质保单。按图纸要求的尺寸进行风管加工制作。风管和配件表面应平整、圆弧均匀、纵向接缝应叉开、咬口紧密、宽度均匀。风管上的测定孔应按设计要求的部位在安装前装好，接合处应严密牢固。（图3-2-49、图3-2-50）

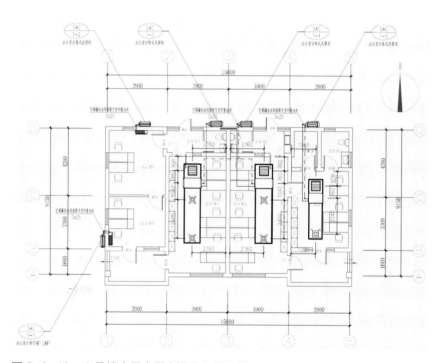

图 3-2-49　9号楼房屋底层空调通风平面图

图 3-2-50　修缮后的空调通风

5. 铺装施工工艺

面层铺装是园路和铺装的又一个重要的质量控制点，必须控制好标高、结合层的密实度及铺装后的养护。修缮前先拆除室内外后期浇筑的混凝土地面，恢复原有铺地，地面须做防潮处理。修补石阶沿石，对缺损的予以补配，对走闪的清洗干净后予以归位，将损坏较小、不影响继续使用的柱础、磉石清洗干净后予以归位，对损坏严重的柱础、磉石进行替换，对缺失的柱础、磉石按原样进行补配。（图 3-2-51）

图 3-2-51　9 号楼前修缮后铺地

（三）灯光亮化——夜景照明工程

在对叶家花园进行修缮的同时，启动了灯光亮化工程设计及施工。叶家花园中众多建筑为文物保护建筑，材料多为石材，在表现建筑特征的同时，灯光设计需进行合理规划，体现古建筑的保护性以及外观的完整性。

鉴于园内古建筑大多沉稳庄重，照明光源色温选取谨慎，以高显色性暖色调为主，色彩统一，避免了溢散光；园内拥有众多保护古木，大多树龄很高，长时间强光照射会对树植生长产生一定影响，因此需控制照树灯的亮度，同时又要求营造空间层次感。智能化设置灯光开启时间，分夏令时、冬令时和景观灯、照明灯控制。让叶家花园的白天和黑夜，成为一座全天候的疗愈后花园。（图 3-2-52 至图 3-2-54）

图 3-2-52　叶家花园夜景 1

图 3-2-53　叶家花园夜景 2（上海市肺科医院提供）

图 3-2-54　叶家花园夜景 3（上海市肺科医院提供）

（四）精工至善——维方建筑的匠心传承

叶家花园像一个藏于深山人不识的宝库，拥有不输于苏州园林的风光，同时有其自身的历史内涵和人文价值，却因位置隐蔽、身份特殊而鲜为人知。

本次修缮工程建设改善了院内整体环境，完善了医院的整体功能，为人民群众创造舒缓身心、环境宜人的就医空间，将医院的内部疗愈空间与外部花园空间结合在一起，形成一个完整的疗愈空间。

尽管历经了多个阶段，花园为肺病患者提供疗养场所的定位却从未改变。作为一座有近百年历史的海派园林，其本身就是一部中国的近代史，本次修缮对园内的亭桥楼阁进行修缮，对园林绿化也做了梳理和修剪，还增加了泛光照明，恢复了其"夜花园"的美誉。在恢复文物自身的同时，挖掘其历史内涵和人文价值，以达到缅怀前人、教育今人、激励后人的效果。

叶家花园的保护修缮工程建设有着积极的社会意义，是文化遗产保护工作从抢救性保护向预防性保护发展的一项重要实践。从设计到施工，体现了高新测绘技术、材料技术、监测技术与传统工艺的完美结合。上海市肺科医院的积极参与配合，为工程的顺利实施起到了很好的保障作用。

镌刻着城市记忆的历史建筑是上海的文脉，历史建筑的修缮需要"工匠精神"的守护和传承，在修缮过程中既需要挖掘原来的工艺呈现方式，又需要用新技术新方法复刻还原建筑原貌，尽可能延伸建筑的使用功能，让公众能够进一步了解建筑内部结构和整个修缮过程。工程充分考虑建筑特点，坚持对原做法、原形制、原工艺、原材料进行深入研究，最大限度地保留了古建筑的历史信息。本次修缮既是一种更深入的文化展示，也是基于保护历史建筑、传承历史文化的使命。一砖一瓦都是与历史对话交流的载体，是感情的凝结，更是责任和担当。（图3-2-55）

图 3-2-55　叶家花园鸟瞰（上海市肺科医院提供）

遐思悠悠——叶园门楼

花园深翠里
疗疾宜养心
碧水静流处
济世有良医

清晨娇嫩的阳光
透过爬满绿植的当年门楼
饱经沧桑而雍容犹在
古雅与清新并存
门楼下有多少事
令人遐思悠悠

后 记

从 2021 年 3 月 18 日第一次去叶家花园考察，距今已经两年多时间了。还清晰地记得在 2021 年初原徐汇区住房保障和房屋管理局局长朱志荣先生推荐我参加本书编写时，与我长时间沟通的话语。朱先生对专业的钻研态度和对历史建筑保护工作的半生投入让我为之动容与钦佩，也成为我们写作的动力。

上海维方建筑工程有限公司董事长龚维新先生长期致力于上海历史建筑的保护与修缮，他传承海派文化的精神也同样深深地感动着我们。本书主编徐海波一次次地带着我们去感受叶家花园海派园林之美，他全力以赴、兢兢业业地做好编委会每个阶段的组织协调工作。

上海报业集团《上海日报》的城市和建筑历史专栏作家、主任记者乔争月老师也加入本书的编委会，作为特邀嘉宾，她为我们详细讲述叶家花园的前世今生，为我们的编写提供了大量素材。

作为执行副主编，深感责任之重大。为了加强写作力量，还特邀好友沈红梅、刘仲善老师参与编写。在此期间，编写组同仁齐心协力、克服许多困难，终于让本书能够顺利付梓出版。

在本书的编写过程中，一直得到上海市肺科医院各级领导无微不至的关心，他们为编委会开放医院院史馆、为本书提供了大量珍贵的历史照片，特别感谢医院对保护文物建筑所作的重大贡献。

在上海市肺科医院、上海维方建筑工程有限公司的共同努力下，在上海市文旅局、杨浦区文旅局的大力支持下，叶家花园保护修缮工程于 2021 年入选第二届上海市建筑遗产保护利用示范项目，让这一历史建筑焕发出璀璨的光芒！

对待历史建筑，要像善待"老年人"一样，一座城市如何对待自己的过去，就会如何对待自己的未来，因为它直接影响城市未来的容貌、气质与个性。以什么样的理念和态度去保护与传承城市文脉，则透露出这座城市的智慧与精神。

如果没有龚维新先生的大力支持和朱志荣先生两年来的悉心指导与帮助，这本书的编写工作是很难完成的。记得在初稿完成后，朱志荣先生帮忙组织业内专家林驹、李孔三等对书稿进行认真的审阅，提出了很多宝贵的意见，在此也感谢建筑前辈的指导与帮助。

我的忘年交朋友、上海市肺科医院的创始人颜福庆先生的长孙颜志渊先生也十分关心本书的编写。颜志渊先生曾多次讲述自己小时候在叶家花园的往事："颜福庆是我的爷爷，他创办了中国人自己的医院、自己的医学院，用最精湛的医术、最高尚的医德护佑生命，他说'人生的意义在于为人群服务，服务的价值在于为人群灭除痛苦'，他是一部我毕生受用的教科书。"在颜志渊先生看来，颜福庆最重要的精神品质在于爱国、为民和无私奉献。

如何传承好上海城市的文脉，如何将上海的历史文化遗产打造成为"上海文化"的金名片，提升城市文化内涵，建设更富魅力的人文之城，未来的路，任重而道远。能与编委会的同仁们一起努力，编写出具有艺术性、科学性、可读性的《叶家花园——藏身肺科医院里的海派园林遗珍》就是传承上海江南文化、海派文化、红色文化的具体实践。也希望能以此书向"中国现代医学之父"、上海市肺科医院创始人颜福庆先生致以崇高的敬意。

最后，还要向上海大学出版社傅玉芳、柯国富老师致以诚挚的感谢，他们对本书一如既往的热情与耐心让我们编写组无比感动，由于他们的悉心编辑，才使得本书更加精致与美观。

由于编写时间有限，研究深度还不够。编写组虽然很努力，但一定会有错误和不足之处，敬请专家和读者不吝指正。

周培元

2023 年 8 月